17346

LES

LÉPIDOPTÈRES DE L'EUROPE

PREMIÈRE SÉRIE

ESPÈCES OBSERVÉES EN BELGIQUE

Ouvrage publié sous les auspices du Gouvernement Belge.

LES
LÉPIDOPTÈRES
DE LA BELGIQUE

LEURS

CHENILLES ET LEURS CHRYSALIDES

DÉCRITS ET FIGURÉS D'APRÈS NATURE

PAR

Alphonse DUBOIS

DOCTEUR EN SCIENCES NATURELLES, CONSERVATEUR AU MUSÉE ROYAL D'HISTOIRE NATURELLE DE BELGIQUE.
EMBRE HONORAIRE, CORRESPONDANT OU EFFECTIF DE PLUSIEURS SOCIÉTÉS SAVANTES.

TOME TROISIÈME

AVEC 142 PLANCHES

BRUXELLES & LEIPZIG

LIBRAIRIE C. MUQUARDT, MERZBACH ET FALK SUCC.rs

1884

TABLE SYSTÉMATIQUE DES ESPÈCES

FIGURÉES DANS LE TOME 3ᵐᵉ

			NUMÉROS des	
			PL.	FIG.
337	Charéas graminivore.	Charæas graminis	282	
338	Nasse populaire.	Neuronia popularis.	283	1
339	Mamestre carnée.	Mamestra advena.		2
340	— coureuse.	— leucophæa.	284	
341	— cachée.	— tincta.	285	1
342	— enfumée.	— suasa.		2
343	— teinte.	— contigua.	286	
344	— brodée.	— nebulosa.	287	
345	— thalassine.	— thalassina.	288	
346	— pisivore.	— pisi.	289	
347	— brassicaire.	— brassicæ.	290	
348	— de la persicaire.	— persicariæ.	291	
349	— pointillée.	— albicolon.	292	1
350	— étrangère.	— aliena.		2
351	— des potagers.	— oleracea.	293	
352	— du genêt.	— genistæ.	294	
353	— ondée.	— dentina.	295	1
354	— de l'ansérine.	— chenopodii.		2
355	— réticulée.	— reticulata.	296	
356	— cerisière.	— dysodea.	297	1
357	— joconde.	— serena.		2
358	Dianthoécie arrosée.	Dianthoecia conspersa.	298	1
359	— arrangée.	— compta.		2
360	— parée.	— albimacula.	299	
361	— des capsules.	— capsincola.	300	
362	— du cucubale.	— cucubali.	301	1
363	— carpophage.	— perplexa.		2
364	Aporophyle lunéburgenne.	Aporophyla lutulenta.	302	
365	Glouteronne bigarrée.	Polia flavicincta.	303	
366	— chi.	— chi.	304	
367	Dryobate protée.	Dryobata protea.	305	1
368	Dichonie runique.	Dichonia aprilina.		2
369	Misélie aubépinière.	Miselia oxyacanthæ.	306	
370	Apamée avare.	Apamea testacea.	307	
371	Lupérine cythère.	Luperina matura.	308	1
372	— verdoyante.	— virens.		2
373	Hadène porphyre.	Hadena satura	309	
374	— indifférente.	— adusta.	310	
375	— ochroleuque.	— ochroleuca.	311	1
376	— ténébreuse.	— furva.		2
377	— noirâtre.	— abjecta.	312	1
378	— latérice.	— lateritia.		2
379	— monoglyphe.	— polyodon.	313	1
380	— doucette.	— lithoxylea.		2
381	— tache rousse.	— sordida.	314	
382	— trait noir.	— basilinea.	315	1
383	— bigarrée.	— rurea.		2
384	— mignonne.	— scolopacina.	316	1
385	— hépatique.	— hepatica.		2
386	— brouillée.	— gemina.	317	1
387	— mêlée.	— ophiogramma.		2
388	— variable.	— didyma.	318	

— VI —

		NUMÉROS des	
		PL.	FIG.
389 Hadène lettrée.	Hadena literosa.	319	1
390 — ciselée.	— strigilis.		2
391 — bicolore.	— furuncula.	320	1
392 Dyptérygie du pin.	Dypterygia pinastri.		2
393 Hadène bordée.	Hadena fasciuncula.	321	1
394 Hyppa saxonne.	Hyppa rectilinea.		2
395 Chloanthe perspicillaire.	Chloantha perspicillaris.	322	
396 Arrochière volant doré.	Trachea atriplicis.	323	
397 Euplexie brillante.	Euplexia lucipara.	324	
398 Brotolome craintive.	Brotolomia meticulosa.	325	
399 Maure nègre.	Mania maura.	326	
400 Naenie typique.	Naenia typica.		
401 Hélotrophe rouillée.	Helotropha leucostigma.	327	1
402 Hydroécie éclatante.	Hydroecia nictitans.		2
403 — irrésolue.	— micacea.	328	1
404 Gortyne drap d'or.	Gortyna flavago.	329	2
405 Nonagrie du rubanier.	Nonagria sparganii.	330	
406 — de la massette.	— arundinis.	331	
407 Tapinostole de l'élyme.	Tapinostola elymi.	332	
408 — incertaine.	— fulva.	333	1
409 Calamie bathyerga.	Calamia lutosa.		2
410 Leucanie blême.	Leucania pudorina.	334	1
411 — pâle.	— pallens.		2
412 — impure.	— impura.	335	1
413 — de Graslin.	— albivena.		2
414 — comma.	— comma.	336	1
415 — conigère.	— conigera.		2
416 — littorale.	— littoralis.	337	1
417 — point blanc.	— albipuncta.		2
418 — L blanche.	— L album.	338	1
419 — argentée.	— lythargyria.		2
420 — turque.	— turca.	339	
421 Grammésie évidente.	Grammesia trigrammica.	340	
422 Caradrine incertaine.	Caradrina morpheus.	341	
423 — fâcheuse.	— quadripunctata.	342	1
424 — arrosée.	— respersa.		2
425 — alsine.	— alsines.	343	1
426 — du plantain.	— ambigua.		2
427 — résistante.	— superstes.	344	1
428 — du pissenlit.	— taraxaci.		2
429 — uligineuse.	— gluteosa.	345	1
430 — de Duponchel.	— arcuosa.		2
431 Rusine ténébreuse.	Rusina tenebrosa.	346	
432 Amphipire triponctué.	Amphipyra tragopogonis.	347	
433 — du noisetier.	— pyramidea.	348	
434 — dentelé.	— perflua.	349	
435 Téniocampe gothique.	Taeniocampa gothica.	350	1
436 — peinte.	— miniosa.		2
437 — ambiguë.	— cruda.	351	1
438 — du peuplier.	— populeti.		2
439 — constante.	— stabilis.	352	1
440 — grêle.	— gracilis.		2
441 — inconstante.	— incerta.	353	1
442 — proprette.	— munda.		2
443 Panolis piniphage.	Panolis piniperda.	354	1
444 Pachnobie erythrocéphale.	Pachnobia rubricosa.		2
445 Dicycle oo.	Dicycla oo.	355	
446 Calymnie pyraline.	Calymnia pyralina.	356	1
447 — nacarat	— diffinis.		2

		NUMÉROS des	
		PL. — FIG.	
448 Calymnie analogue.	Calymnia affinis.	357	1
449 — trapèze.	— trapezina.		2
450 Cosmie paillée.	Cosmia paleacea.	358	1
451 Dyschoriste ypsilon.	Dyschorista ypsilon.		2
452 Plastène obtuse.	Plastenis retusa.	359	1
453 — soumise.	— subtusa.		2
454 Cirroédie xérampéline.	Cirrhoedia xerampelina.	360	1
455 Cléocère du saule.	Cleoceris viminalis.		2
456 Orthosie lavée.	Orthosia lota.	361	1
457 — ferrée.	— macilenta.		2
458 — fauvette.	— circellaris.	362	1
459 — dorée.	— rufina.		2
460 — cannelée.	— pistacina.	363	1
461 — humble.	— humilis.		2
462 Xanthie citronelle.	Xanthia citrago.	364	1
463 — éblouissante.	— aurago.		2
464 — mantelée.	— flavago.	365	1
465 — sulphurée.	— gilvago.		2
466 — safranée.	— fulvago.	366	1
467 — ocellaire.	— ocellaris.		2
468 Hoporine safranée.	Hoporina croceago.	367	
469 Orrhodie érythrocéphale.	Orrhodia erythrocephala.	368	1
	— — var. Glabra.		2
470 — doucette.	— silene.	369	1
471 — tigrée.	— rubiginea.		2
472 — de l'airelle.	— vaccinii	370	1
473 Scopelosome satellite.	Scopelosoma satellita.		2
474 Scoliopteryx libatrice.	Scoliopteryx libatrix.	371	
475 Xyline du frêne.	Xylina semibrunnea.	372	1
	— var. Oculata.		2
476 — Zincken.	— Zinckenii.		3
477 — tachée.	— socia.	373	1
478 — nebuleuse.	— ornithopus.		2
479 Calocampe antique.	Calocampa vetusta.	374	
480 — passé.	— exoleta.	375	
481 Xylomige conspicillaire.	Xylomyges conspicillaris.	376	
482 Asteroscope sphinx.	Asteroscopus sphinx.	377	1
483 Xylocampe brunâtre.	Xylocampa areola.		2
484 Calophasie de la linaire.	Calophasia lunula.	378	
485 Cucullie de la molène.	Cucullia verbasci.	379	
486 — de la scrophulaire.	— scrophulariæ.	380	
487 — bréchette.	— lychnitis.	381	
488 — astrée.	— asteris.	382	
489 — ombrageuse.	— umbratica.	383	
490 — de la camomille.	— chamomillæ.	384	
491 — du gnaphale.	— gnaphalii.	385	
492 — de l'absinthe.	— absinthii.	386	
493 Abrostole triplasie.	Abrostola (Plusia) triplasia.	387	
494 — de l'ortie.	— (—) urticæ.	388	
495 — C d'or.	Plusia C aureum.	389	
496 — dorée.	— moneta.	390	
497 — vert-doré.	— chrysitis.	391	
498 — riche.	— festucæ.	392	
499 — jota.	— jota.		
500 — du dompte-venin.	— asclepiadis.	393	
501 — V doré.	— pulchrina.		
502 — lambda.	— gamma.	394	
503 Edie pie.	Ædia funesta.	395	1
504 Anarte myrtille.	Anarta myrtilli.		2

			PL.	FIG.
505 Héliaque polynome.	Heliaca tenebrata.	396	1
506 Héliothe dipsacé.	Heliothis dipsaceus.		2
507 — peltigère.	— peltiger.	397	1
508 — armigère.	— armiger.		2
509 Chariclé incarnat.	Chariclea delphinii.	398	
510 — chrysographe.	— umbra.	399	1
511 Acontia funèbre.	Acontia luctuosa.		2
512 Erastrie argentule.	Erastria argentula.	400	1
513 — ancre.	— uncana.		2
514 — venustule.	— venustula.	401	1
515 — atratule.	— deceptoria.		2
516 — albule.	— fasciana.	402	1
517 Prothymie bronzée.	Prothymia laccata		2
518 Agrophile sulfuré.	Agrophila trabealis.	403	1
519 Euclidie M noire.	Euclidia mi.		2
520 — doublure jaune.	— glyphica.	404	1
521 Pseudophie lunaire.	Pseudophia lunaris.		2
522 Alchimiste leucomèle.	Catephia alchymista.	405	
523 Likenée du frêne.	Catocala fraxini.	406	
524 — mariée.	— nupta.	407	
525 — rouge.	— sponsa.	408	
526 — promise.	— promissa.	409	
527 — accordée.	— electa.	410	
528 Toxocampe houé.	Toxocampa pastinum.	411	1
529 — de la vesce.	— craccæ.		2
530 Ennomos sinué.	Aventia flexula.	412	1
531 Bolétobie inégale.	Boletobia fuliginaria.		2
532 Zanclognathe pattu.	Zanclognatha tarsiplumalis.	413	1
533 — des forêts.	— grisealis.		2
534 — de Zeller.	— zelleralis.	414	1
535 — tarsier.	— tarsicrinalis.		2
536 — tarsipenne.	— tarsipennalis.	415	1
537 — émortuale.	— emortualis.		2
538 Madopa du saule.	Madopa salicalis.	416	1
539 Pechipogon raquette.	Pechipogon barbalis.		2
540 Herminie crinale.	Herminia crinalis.	417	1
541 — anomale.	— derivalis.		2
542 Bomoloche épaissie.	Bomolocha fontis.	418	1
543 Rivule soyeuse.	Rivula sericealis.		2
544 Hypène à rostre.	Hypena rostralis.	419	1
545 — à museau.	— proboscidalis.		2
546 Hypénode acuminé.	Hypenodes costæstrigalis.	420	1
547 — strié.	— albistrigatus.		2
548 Brephos intrus.	Brephos parthenias.	421	1
549 — bâtard.	— nothum.		2

Planches supplémentaires aux tomes précédents.

550 Satyrus hermione.			1
551 Ino pruni.			2
552 — geryon.			3
553 Nola cucullatella.		I	4
554 — strigula.			5
555 — centonalis.			6
556 Fumea sepium.			7-12
557 Ptilophora plumigera.			1
558 Agrotis sobrina.		II	2
559 — cuprea.			3
560 — ripæ.			4

LES
LÉPIDOPTÈRES DE LA BELGIQUE

SUITE ET FIN DES

NOCTUELLES. - NOCTUÆ.

Genre 102. — CHARÉAS. — CHARÆAS, Steph.

Episema, Tr. — **Cerapteryx,** Steph.

Car. — Front garni de poils couchés; palpes velus, dépassant légèrement le front, à dernier article court et obtus; trompe longue et forte; yeux velus; antennes assez faibles, ciliées; corselet et thorax voûtés, garnis de poils longs; abdomen grêle et tronqué à son extrémité chez le mâle, cylindrique et à extrémité obtuse chez la femelle; pièces anales de longueur moyenne, larges, fléchies en dedans, arrondies à leur partie supérieure et prolongées en un crochet court à leur partie inférieure.

Les chenilles ressemblent à celles du genre suivant et vivent de graminées.

Esp. : *C. graminis,* L.

Genre 103. — NASSE. — NEURONIA, Hb.

Hadena, Tr. — **Heliophobus,** Boisd.

Car. — Les espèces de ce genre diffèrent du précédent par des poils courts et serrés, par une gibbosité placée en avant et en arrière du thorax, par une trompe courte et molle, par des antennes robustes et par des pièces anales ne se prolongeant pas en crochet.

Chenilles trapues, cylindriques, luisantes, avec une plaque cornée sur le premier et le dernier segment, d'un brun foncé avec des raies étroites jaunâtres. Elles se nourrissent de racines et de jeunes pousses de graminées et se métamorphosent dans la terre.

Esp. : *N. popularis,* Fab.

TOME III

Genre 104. — MAMESTRE. — MAMESTRA, Tr.

Car. — Noctuelles de taille moyenne, à ailes antérieures un peu élargies extérieurement et à bord externe ondulé, et à ailes postérieures arrondies.

Tête non rentrée; trompe longue et forte; yeux velus; front, palpes et dos grossièrement velus; palpes retroussés, à dernier article court et écailleux; thorax bombé, quadrangulaire, avec une légère gibbosité en avant et en arrière; segments abdominaux, surtout les antérieurs, plus ou moins garnis de touffes de poils en brosse disposées sur la ligne médiane; pièces anales fortement velues, garnies de soies sur le bord interne, recourbées en dedans et de forme très variable.

Chenilles nues, arrondies; se métamorphosent dans la terre.

Esp.: 1. *M. advena*, Sch.; 2. *leucophæa*, Sch.; 3. *tincta*, Br.; 4. *suasa*, Sch.; 5. *contigua*, Sch.; 6. *nebulosa*, Hufn.; 7. *thalassina*, Rott.; 8. *pisi*, L.; 9. *brassicæ*, L.; 10. *persicariæ*, L; 11. *albicolon*, Hb.; 12. *aliena*, Hb.; 13. *oleracea*, L.; 14. *genistæ*, Bkh.; 15. *dentina*, Sch.; 16. *chenopodii*, Sch.; 17. *reticulata*, D.V.; 18. *dysodea*, Sch.; 19. *serena*, Sch.

Genre 105. — DIANTHOÉCIE. — DIANTHOECIA, Boisd.
Miselia, Hadena, Tr.

Car. — Les noctuelles de ce genre diffèrent seulement des précédentes par la forme de l'abdomen des femelles, qui se termine en pointe. Les pièces anales sont étroites à leur base et se terminent de chaque côté par un lambeau arrondi et découpé dont le bord supérieur est parfois un peu corné; les antennes des mâles sont ciliées.

Les chenilles sont nues et assez grêles.

Esp.: 1. *D. conspersa*, Sch.; 2. *compta*, Sch.; 3. *albimacula*, Bkh.; 4. *capsincola*, Hb.; 5. *cucubali*, Sch.; 6. *perplexa*, Sch.

Genre 106. — APOROPHYLE. — APOROPHYLA, Gn.
Agrotis, Tr. — **Charæas,** Steph. — **Hadena,** Boisd.

Car. — Front saillant, velu; palpes dépassant ce dernier, retroussés; antennes longues, sétacées chez les femelles, pectinées ou dentelées chez les mâles; thorax large, quadrangulaire, voûté, avec les poils couchés et lisses; poitrine et pattes velues; abdomen finement velu, terminé obtusément chez les mâles, en pointe obtuse chez les femelles.

Chenilles de la forme de celles des Mamestres ; se métamorphosent dans la terre.

Esp. : *A. lutulenta*, Sch.

GENRE 107. — GLOUTERONE. — POLIA Tr.
Noctua, Hb.

Car. — Front non saillant, hérissé de soies antennes avec un pinceau de poils à leur base, dentelées chez les mâles ; yeux ciliés ; trompe en spirale ; thorax quadrangulaire, faiblement bombé avec une petite gibbosité en avant et en arrière mais peu distinctes ; abdomen avec des houppes également peu distinctes ; pièces anales assez étroites, d'égale largeur, obtuses à l'extrémité et repliées en dedans.

Les chenilles ne présentent rien de particulier.

Esp. : 1 *P. flavicincta*, Sch.; 2. *chi*, L.

GENRE 108. — DRYOBATE. — DRYOBATA, Led.
Hadena, Tr.

Car. — Thorax aplati, angulaire en avant ; villosités du front et de la base des antennes grossières ; pattes de forme normale.

Chenilles nues ; elles se métamorphosent entre des feuilles mortes.

Esp. : *D. protea*, Sch.

GENRE 109. — DICHONIE. — DICHONIA, Hb.
Miselia, Tr. — **Agriopis**, Boisd.

Car. — Les espèces de ce genre ressemblent aux précédentes, mais les cuisses antérieures sont élargies en massue dans les deux sexes, avec une rainure en avant ; pièces anales courtes, larges et obtuses, profondément creusées en forme de cuillère ; antennes sétacées, ciliées; abdomen surmonté de houppes peu saillantes.

Chenilles comme les précédentes.

Esp. : *D. aprilina*, L.

GENRE 110. — MISELIE. — MISELIA, Steph.

Car. — Front, palpes et pattes garnis de poils rudes ; yeux nus, ciliés ; antennes des mâles dentelées en scie et ciliées ; corselet découpé; thorax aplati, grossièrement velu, retroussé sur les côtés, angulaire en avant ; abdomen avec des houppes peu saillantes ; pièces anales presque droites, se rétrécissant insensiblement, obtuses à leur extrémité et cornées à leur bord supérieur.

Chenilles cylindriques, grêles; dernier segment surmonté de petites pointes; tête grosse, aplatie; 16 pattes. Se métamorphosent à terre dans un épais tissu.

Esp. : *M. oxyacanthæ*, L.

Genre 111. — APAMÉE. — APAMEA, Tr.

Luperina, Boisd.

Car. — Tête rentrée, pubescente; palpes faibles, dépassant à peine le front; trompe plus courte et plus molle que chez les espèces des genres voisins; yeux nus, non ciliés; antennes ciliées chez les mâles, sétacées chez les femelles; thorax et poitrine laineux; le premier voûté, quadrangulaire, avec une touffe de poils peu distincte en avant et en arrière; abdomen assez grêle chez les mâles, épais et cylindrique chez les femelles; pattes courtes.

Chenilles épaisses, cylindriques; le premier et les deux derniers segments sont surmontés d'un écusson corné; tête grosse et arrondie; 16 pattes. Métamorphoses dans la terre.

Esp. : *A. testacea*, Sch.

Genre 112. — LUPÉRINE. — LUPERINA, Boisd.

Caradrina, Polia, Tr. — **Cerigo**, Steph.

Car. — Les espèces de ce genre diffèrent de celles du précédent par une trompe plus robuste et plus longue et par l'abdomen des femelles qui est moins épais.

Chenilles cylindriques, comprimées, à 16 pattes.

Esp. : *L. matura*, Hnfn. — 2 *virens*, L.

Genre 113. — HADÈNE. — HADENA, Tr.

Luperina, Ilarus, Boisd. — **Eremobia, Hama, Xylophasia, Miana**, Steph. — **Mamestra, Xylina, Apamea**, Tr.

Car. — Trompe robuste, en spirale; yeux nus, non ciliés; front et palpes grossièrement velus; thorax voûté, quadrangulaire, velu, avec des touffes de poils divisées en avant et en arrière; abdomen velu, surmonté de brosses médianes et de pinceaux de poils latéraux; pattes robustes, lisses.

Chenilles ressemblant à celles des Mamestres ; premier segment le plus souvent avec un écusson ; 16 pattes.

Esp. : 1. *H. satura*, Schiff.; 2. *adusta*, Erp.; 3. *ochroleuca*, Sch.; 4. *furva*, Sch.; 5. *abjecta*, Hb.; 6. *lateritia*, Hfn.; 7. *polyodon*, L.; 8. *lithoxylea*, Sch.; 9. *sordida*, Bkh.; 10. *basilinea*, Sch.; 11. *rurea*, F.; 12. *scolopacina*, Esp.; 13. *hepatica*, Sch.; 14. *gemina*, Hb.; 15. *ophiogramma*, Esp.; 16. *didyma*, Esp.; 17. *literosa*, Haw.; 18. *strigilis*, L.; 19. *furuncula*, Sch.; 20. *fasciuncula*, Hw.

Genre 114. — DYPTÉRYGIE. — DYPTERYGIA, Steph.
Xylina, Tr. — **Luperina**, Boisd.

Car. — Ces lépidoptères ressemblent aux précédents, mais ils s'en distinguent par la forme de la gibbosité du dos qui s'avance en forme de V sur le premier segment abdominal ; les antennes des mâles sont à peine ciliées ; front et palpes pubescents, ces derniers s'avancent au devant du front en forme de faucille ; pièces anales très courtes, creuses à l'intérieur.

Chenilles épaisses, cylindriques, le onzième segment un peu proéminent, à 16 pattes.

Esp. : *D. pinastri*, L.

Genre 115. — HYPPA. — HYPPA, Dup.

Car. — Ce genre ressemble également aux Hadènes mais s'en distingue par le corselet qui est plus haut et voûté, par le thorax privé de gibbosité antérieure, par la tête plus rentrée et par les antennes des mâles ciliées et pectinées dans la majeure partie de leur étendue.

Esp. : *H. rectilinea*, Esp.

Genre 116. — CHLOANTHE. — CHLOANTHA, Boisd.

Car. — Trompe en spirale ; yeux nus ; antennes sétacées, faiblement ciliées chez les mâles ; dos revêtu de poils fins et couchés, à gibbosités divisées ; abdomen court, surmonté de touffes de poils ; pattes assez courtes, épineuses ; pièces anales repliées en dedans en forme de pince, à extrémité étroite.

Chenilles épaisses, cylindriques, à tête arrondie, voûtée ; 16 pattes.

Esp. : *C. perspicillaris*, L.

Genre 117. — ARROCHIÈRE. — TRACHEA, Hubn.
Hadena, Boisd.

Car. — Voisin du genre *Hadena* dont il diffère par la pubescence du front et des palpes, par la villosité du dos qui est entremêlée d'écailles aplaties, et par la base nue des antennes.

Les chenilles ont la même structure que celles des hadènes.

Esp. : *T. atriplicis*, L.

Genre 118. — EUPLEXIE. — EUPLEXIA, Steph.

Phlogophora, Tr.

Car. — Antennes sétacées, ciliées chez les mâles ; thorax relativement large, très voûté, garni d'une villosité lisse entremêlée d'écailles aplaties, s'avançant en arrière en formant deux boursouflures qui se réunissent en formant un V ; abdomen grêle et court relativement au thorax, garni de touffes de poils sur les 3e, 4e et 5e segments ; pièces anales longues et grêles, recourbées en dedans et échancrées en dessous.

Chenilles s'épaississant en arrière, le onzième segment plus proéminent ; 16 pattes.

Esp. : *E. lucipara*, L.

Genre 119. — BROTOLOME. — BROTOLOMIA, Led.

Phlogophora, Tr.

Car. — Front, palpes, poitrine et pattes couverts d'une pubescence couchée ; palpes retroussés, formant une espèce de rostre ; corselet échancré ; thorax surmonté d'une gibbosité en forme de selle ; abdomen garni de touffes de poils très prononcées ; bord externe des ailes festonné.

Chenilles grêles, cylindriques, plus épaisses en arrière, le onzième segment un peu proéminent ; 16 pattes.

Esp. : *B. meticulosa*, L.

Genre 120. — MAURE. — MANIA, Treit.

Mormo, Steph.

Car. — Insectes de grande taille ; yeux grands et nus ; front et palpes velus ; trompe en spirale ; antennes sétacées, ciliées chez les mâles ; thorax large relativement à l'abdomen ; celui-ci allongé avec des touffes de poils sur la ligne médiane.

Chenilles épaisses, cylindriques, le onzième segment un peu proéminent ; tête petite et arrondie ; 16 pattes.

Esp. : *M. Maura*, L.

Genre 121. — NAENIE. — NÆNIA, Steph.

Mania, Tr.

Car. — Voisin des précédents, mais d'une taille plus petite. Front garni entre les antennes d'une touffe de poils de forme triangulaire ; poils du thorax entremêlés d'écailles aplaties et formant une gibbosité antérieure et une postérieure, divisées et d'égale hauteur; abdomen lisse; pattes médianes et postérieures épineuses ; pièces anales en forme de spatules, très peu courbées en dedans, obtuses à l'extrémité.

Chenilles cylindriques, plus épaisses en arrière, plissées sur les flancs ; 16 pattes.

Esp.: *N. Typica*, L.

Genre 122. — HÉLOTROPHE. — HELOTROPHA, Led.

Gortyna, Tr. — **Luperina**, Boisd. — **Hydræcia**, Steph.

Car. — Palpes, thorax et abdomen comme chez les *Hadena*, mais le poil plus fin, comme velouté ; abdomen de la femelle terminé en pointe ; antennes sétacées, faiblement ciliées chez les mâles ; pièces anales presque droites.

Chenilles comme dans le genre suivant.

Esp. : *Helotropha leucostigma*, Hb.

Genre 123. — HYDROÉCIE. — HYDROECIA, Guen.

Apamea, Gortina, Tr. — **Luperina**, Boisd.

Car. — Front et palpes couverts d'une villosité courte et laineuse ; ces derniers courts, à dernier article caché dans la villosité ; trompe en spirale ; yeux nus ; antennes robustes, ciliées chez les mâles ; thorax voûté, quadrangulaire, avec une crête antérieure et une touffe de poils postérieure ; abdomen épais, à extrémité obtuse chez les mâles, aiguë chez les femelles.

Chenilles cylindriques, avec une plaque cornée sur le premier segment et de petites verrues garnies de quelques poils ; tête arrondie ; 16 pattes.

Esp. : 1. *H. nictitans*, Bkh., 2. *micacea*, Esp.

Genre 124. — GORTYNE. — GORTYNA, Treit.

Car. — Mêmes caractères que les précédents, mais le front prolongé en une massue cornée cachée dans le poil; pièces anales presque droites; antennes des mâles faiblement ciliées.

Esp. : *Gortyna flavago*, Sch.

Genre 125. — NONAGRIE. — NONAGRIA, Tr.

Car. — Front coupé carrément, couvert d'une fine pubescence; palpes retroussés, dépassant le front; yeux nus; trompe en spirale; antennes dentelées ou ciliées chez les mâles; thorax voûté, à villosités lisses, avec une gibbosité peu distincte en avant; abdomen dépassant d'un tiers les ailes postérieures, grêle chez les mâles, plus épais chez les femelles surtout vers le milieu; poitrine laineuse; pattes courtes, velues; pièces anales courtes et obtuses.

Chenilles grêles, cylindriques, nues; tête arrondie, aplatie; 16 pattes.

Esp. : 1. *N. sparganii*, 2. *Esp. N. arundinis*, Fab.

Genre 126. — TAPINOSTOLE. — TAPINOSTOLA, Led.

Nonagria, Tr.

Car. — Tête rentrée; yeux nus; trompe robuste, assez courte; front et palpes velus; antennes sétacées, ciliées chez les mâles; thorax quadrangulaire, voûté, sans gibbosités; abdomen et pattes courts, ces dernières poilues en dehors; pièces anales courtes et étroites.

Chenilles inconnues.

Esp. : 1. *T. fulva*, Hb., 2. *elymi*, Tr.

Genre 127. — CALAMIE. — CALAMIA, Hb.

Leucania, Tr.

Car. — Ressemble aux précédents, mais la tête non rentrée; antennes ciliées chez les mâles; pièces anales allongées, élargies à l'extrémité.

Chenilles cylindriques, grêles, avec de petites verrues poilues sous forme de points; tête grosse, sphérique; 16 pattes.

Esp. : *C. lutosa*, Hb.

Genre 128. — LEUCANIE. — LEUCANIA, Tr.

Car. — Front arrondi; palpes retroussés, ne dépassant que peu le front; trompe en spirale, longue; yeux velus; antennes sétacées, faiblement ciliées chez les mâles, chaque article muni sur les côtés d'une soie un peu plus forte que les cils; thorax quadrangulaire, voûté, avec les poils lisses et couchés; abdomen conique, obtus, grêle chez les mâles et terminé par une touffe de poils en dessous de sa base; poitrine et pattes laineuses; pièces anales pédonculées et formant un lambeau piriforme laineux.

Chenilles cylindriques, rétrécies aux deux extrémités, avec de petites verrues poilues et en forme de points; 16 pattes.

Esp. : 1. *L. pudorina*, Sch.; 2. *pallens*, L.; 3. *impura*, Hb.; 4. *albivena*, Grasl; 5. *comma*, L.; 6 *conigera*, Sch.; 7. *littoralis*, Curt.; 8. *albipuncta*, L.; 9. *L. album*, L; 10. *lythargyria*, Esp.; 11. *turca*, L.

Genre 129. — GRAMMÉSIE. — GRAMMESIA, Steph.

Caradrina, Tr.

Car. — Tête courte; front arrondi et velu; trompe en spirale; yeux nus; antennes robustes, pectinées chez les mâles, sétacées chez les femelles; palpes retroussés, velus; thorax quadrangulaire, voûté avec une épaisse toison; abdomen court, grêle chez les mâles comparativement au thorax, plus lourd chez les femelles, le dernier segment en forme de massue; pattes courtes, inermes, poilues en dehors; pièces anales courtes et creuses, terminées par une petite pointe obtuse.

Chenilles courtes, épaisses, plus larges en arrière, garnies de poils isolés; tête petite; 16 pattes.

Esp. : *G. trigrammica*, Hnfn.

Genre 130. — CARADRINE. — CARADRINA, Tr.

Apamea, Hydrilla, Boisd.

Car. — Yeux nus; trompe en spirale; antennes grêles, sétacées, ciliées chez les mâles; palpes retroussés, dépassant le front, velus; corselet et thorax arrondis, garnis de poils fins et couchés; abdomen conique, grêle, pas beaucoup plus épais chez les femelles que chez les mâles; poitrine faiblement voûtée, couverte, ainsi que les pattes, d'une pubescence laineuse; pièces anales grêles, creuses, rétrécies à leur extrémité.

Chenilles courtes, à dos peu voûté, aplaties en dessous; tête petite; 16 pattes.

Esp. : 1. *C. morpheus*, Hnfn.; 2. *quadripunctata*, F.; 3. *respersa*, Sch.; 4. *alsines*, Brm.; 5. *ambigua*, Sch.; 6. *superstes*, Tr.; 7. *taraxaci*, Hb.; 8. *gluteosa*, Tr.; 9. *arcuosa*, Hw.

Genre 131. — RUSINE. — RUSINA, Boisd.

Agrotis, Tr. — **Bombyx,** Hw.

Car. — Ressemble au précédent pour la taille, mais le thorax présente une gibbosité transversale derrière le corselet; palpes très développés et dépassant fortement le front; yeux nus; antennes pectinées chez les mâles, sétacées chez les femelles, velues et munies d'une soie de chaque côté des articles ; poitrine et pattes fort velues ; abdomen des femelles robuste et cylindrique.

Chenilles épaisses, cylindriques, nues; 16 pattes.

Esp.: *R. tenebrosa*, Hb.

GENRE 132. — AMPHIPYRE. — AMPHIPYRA, Tr.

Pyrophyla. Steph. — **Scotophila**, Bd.

Car. — Front et palpes courts, finement velus, ces derniers retroussés ; trompe en spirale ; yeux nus ; antennes sétacées, ciliées chez les mâles ; thorax faiblement voûté, avec des poils fins et couchés ; abdomen large, un peu atténué vers l'extrémité ; pièces anales grêles, élargies un peu vers le dehors et arrondies à leur extrémité ; ailes antérieures une fois aussi longues que larges.

Chenilles cylindriques, nues ou garnies de poils fins et isolés; le onzième segment ordinairement proéminent; 16 pattes.

Esp. : 1. *A. tragopogonis*, L.; 2. *pyramidea*, L. ; 3. *perflua*, F.

GENRE 133. — TÉNIOCAMPE. — TÆNIOCAMPA, Gn.

Semiophora, Steph. — **Orthosia**, Tr.

Car. — Tête rentrée ; front laineux avec plus ou moins de tubérosités entre les antennes ; palpes dépassant le front, les deux premiers articles velus, le dernier écailleux; trompe en spirale ; yeux velus ; antennes pectinées ou dentelées chez les mâles ; thorax épais, voûté, très velu, sans gibbosité ; abdomen relativement court, conique ; pattes courtes, laineuses, inermes ; pièces anales de forme variable.

Chenilles cylindriques, un peu épaissies après le onzième segment, nues ou garnies de quelques poils isolés ; tête arrondie, peu bombée ; 16 pattes.

Esp. : 1. *T. gothica*, **L.**; 2. *miniosa*, Sch.; 3. *cruda*, Sch.; 4. *populeti*, F.; 5. *stabilis*, Sch.; 6. *gracilis*, Sch.; 7. *incerta*, F.; 8. *munda*, Sch.

GENRE 134. — PANOLIS. — PANOLIS, Hb.

Trachea, Tr.

Car. — Tête rentrée ; palpes courts, atteignant à peine le front, mais garnis de poils longs ; trompe en spirale ; yeux nus ; antennes faiblement ciliées chez les mâles ; thorax arrondi, velu de même que le front et les pattes.

Chenilles grêles, nues ; tête ronde ; 16 pattes.

Esp. : *P. piniperda*, Panz.

GENRE 135. — PACHNOBIE. — PACHNOBIA, Gn.

Cerastis, Tr. — **Orthosia**, Boisd. — **Glæa**, Steph.

Car. — Lépidoptères robustes et lourds, voisins des Téniocampes dont ils se distinguent par des yeux nus, des pattes épineuses, des ailes antérieures plus courtes et par les pièces anales grêles, légèrement rétrécies à leur extrémité et recourbées en dedans.
Les chenilles ressemblent à celles des Téniocampes.

Esp. : *P. rubricosa*, Sch.

GENRE 136. — DICYCLE. — DICYCLA, Gn.

Engramma, Steph. — **Cymatophora**, Tr. — **Cleoceris**, Boisd. — **Tethea**, Ld.

Car. — Palpes en forme de faucille, à dernier article retroussé, assez long et cylindrique ; yeux nus ; trompe en spirale ; antennes dentelées chez les mâles, sétacées chez les femelles ; thorax arrondi, sans gibbosité ; abdomen grêle chez les mâles, chez les femelles le dernier segment très long avec une tarière saillante et allongée ; pattes robustes, inermes ; pièces anales grêles, d'égale largeur, obtuses à leur extrémité.
Chenilles grêles, cylindriques, nues ; 16 pattes.

Esp. : *D. oo*, L.

GENRE 137. — CALYMNIE. — CALYMNIA, Hb.

Cosmia, Tr.

Car. — Taille assez petite ; palpes, front et pattes écailleux ; trompe en spirale ; yeux nus ; antennes sétacées, faiblement ciliées chez les mâles ; thorax arrondi, garni de poils fins et couchés, avec ou sans gibbosité en arrière ; abdomen grêle, celui de la femelle acuminé ; ailes antérieures étroites à la base, élargies en dehors ; les postérieures arrondies.
Chenilles épaisses, atténuées en avant, garnies de petites verrues en forme de points et surmontées de poils isolés ; tête petite et arrondie ; 16 pattes.

Esp. : 1. *C. pyralina*, Sch. ; 2. *diffinis*, L. ; 3. *affinis*, L. ; 4. *trapezina*, L.

GENRE 138. — COSMIE. — COSMIA, Tr.

Euperia, Steph.

Car. — Assez semblable au genre précédent, mais les ailes antérieures plus longues et moins larges à leur extrémité ; dos voûté, quadrangulaire et laineux; palpes, pattes et abdomen également laineux; ce dernier allongé et prolongé, chez les femelles, en une tarière saillante; antennes ciliées chez les mâles.

Les chenilles ressemblent aux précédentes.

Esp. : *C. paleacea*, Esp.

Genre 139. — DYSCHORISTE. — DYSCHORISTA, Led.

Orthosia, Tr. — **Hama**, Steph.

Car. — Mêmes caractères que le genre *Orthosia*, mais les yeux non ciliés ; antennes sétacées, ciliées chez les mâles.

Esp. : *D. ypsilon*, Sch.

Genre 140. — PLASTÈNE. — PLASTENIS, Boisd.

Cymatophora, Tr. —**Tethea, Ipimorpha**, Steph.

Car. — Noctuelles de petite taille ; palpes saillants; trompe en spirale ; yeux nus; antennes sétacées, finement ciliées chez les mâles; thorax arrondi, finement poilu.

Chenilles grêles, peu voûtées, comprimées en dessous; tête arrondie; 16 pattes.

Esp. : 1. *P. retusa*, L.; 2. *subtusa*, Sch.

Genre 141. — CIRRHOÉDIE. — CIRRHOEDIA, Gn.

Xanthia, Tr.

Car. — Front, dos et palpes couverts d'un duvet fin et laineux ; palpes très courts, dépassant à peine le front ; trompe en spirale ; yeux nus; antennes sétacées, ciliées chez les mâles; thorax voûté, quadrangulaire, avec des gibbosités antérieures; abdomen conique ; ailes antérieures terminées en une pointe aiguë et munies d'une dent angulaire sur la quatrième nervure.

Chenilles courtes et épaisses, à tête petite et arrondie et avec un écusson sur le premier segment; 16 pattes.

Esp. : *C. xerampelina*, Hb.

Genre 142. — CLÉOCÈRE. — CLEOCERIS, Boisd.

Cymatophora, Tr.

Car. — Ce genre diffère peu du suivant dont il se distingue par les antennes pectinées des mâles et par un pinceau horizontal de poils sur le deuxième segment abdominal.

Chenilles grêles, cylindriques, avec des verrues en forme de points ; 6 pattes.

Esp. : *C. viminalis*, Fab.

Genre 143. — ORTHOSIE. — ORTHOSIA, Tr.

Car. — Taille moyenne ; corps et pattes velus ; palpes retroussés ; ompe en spirale; yeux nus, ciliés sur les bords; antennes pectinées ou liées chez les mâles, sétacées chez les femelles ; thorax voûté, à poils sses et couchés, sans gibbosité; abdomen tronqué en arrière chez s mâles, terminé en pointe obtuse chez les femelles et à peine plus ais que chez ces derniers.
Chenilles épaisses, légèrement atténuées en avant ; tête petite et rondie ; 16 pattes.

Esp. : 1. *O. lota*, Cl.; 2. *macilenta*, Hb.; 3. *circellaris*, Hufn.; 4. *rufina*, L.; 5. *pistacina*, Sch; 6, *humilis*, Sch.

Genre 144. — XANTHIE. — XANTHIA, Tr.

Car. — De forme assez semblable au précédent, mais le thorax adrangulaire et le corselet relevé en pointe ; front et palpes laineux; rnier article des palpes horizontal et de longueur variable ; antennes iées chez les mâles ; le reste comme chez les espèces du genre précédent.
Chenilles grêles, nues, plus épaisses en arrière ; tête petite et comimée ; premier segment surmonté d'un écusson ; 16 pattes.

Esp. : 1. *X. citrago*, L. ; 2. *aurago*, Sch.; 3. *flavago*, F.; 4. *gilvago*, Sch.; 5. *fulvago*, L.; 6. *ocellaris*, Borkh.

Genre 145. — HOPORINE. — HOPORINA, Boisd.

Xanthia, Tr. — **Oporina**, Ld.

Car. — Tête, dos, palpes et pattes velus ; front orné d'un pinceau poils disposé horizontalement ; palpes aigus, saillants, comprimés ; mpe en spirale; yeux ciliés; antennes sétacées, ciliées chez les mâles munies d'une soie de chaque côté des articles ; corselet tranchant r les côtés; thorax voûté, quadrangulaire; abdomen court, comprimé, nqué à son extrémité dans les deux sexes.
Chenilles épaisses, le onzième segment un peu proéminent, preer segment avec un écusson corné; tête grosse et arrondie; 16 pattes.

Esp. : *H. croceago*, Sch.

GENRE 146. — ORRHODIE. — ORRHODIA, Hb.

Cerastis, Tr.

Car. — Pubescence laineuse ; front et dos arrondis, ce dernier sans gibbosité ; palpes dépassant peu ou point le front, velus ; trompe en spirale ; yeux ciliés ; antennes sétacées, ciliées chez les mâles ; abdomen de même volume dans les deux sexes, tronqué ; poitrine et cuisses un peu laineux ; pattes garnies de poils courts et couchés.

Chenilles cylindriques, peu atténuées en avant ; 16 pattes.

Esp. : 1. *O. erythrocephala*, Sch.; 2. *silene*, Sch.; 3. *rubiginea*, Sch.; 4. *vaccinii*, L.

GENRE 147. — SCOPELOSOME. — SCOPELOSOMA, Curt.

Cerastis, Tr. — **Glæa**, **Eupsilla**, Steph.

Car. — Très voisin du précédent dont il se distingue par la frange des ailes antérieures qui est plus large et crénelée ; corselet muni d'une crête aiguë suivie d'une autre longitudinale et tranchante.

Esp. : *S. satellita*, L.

GENRE 148. — SCOLIOPTERYX. — SCOLIOPTERYX, Germ.

Calyptra, Steph.

Car. — De taille moyenne et robuste ; tête rentrée ; front proéminent ; palpes dépassant ce dernier, garnis de poils courts et couchés, le dernier article presque aussi long que les deux autres ; trompe en spirale ; yeux nus, cachés, recouverts par des cils piliformes ; antennes pectinées chez les mâles, dentelées chez les femelles ; thorax quadrangulaire, voûté, garni d'une villosité laineuse ; corselet un peu plus élevé que le thorax, découpé, s'avançant en forme de capuchon ; abdomen assez court, comprimé, tronqué à l'extrémité ; pattes laineuses ; bord externe des ailes antérieures découpé.

Chenilles grêles, lisses, transparentes, à tête arrondie et comprimée ; 16 pattes.

Esp. : *S. libatrix*, L.

GENRE 149. — XYLINE. — XYLINA, Tr.

Car. — Espèces de taille moyenne et à ailes étroites ; tête légèrement rentrée ; front garni de poils assez longs formant deux crêtes superposées et horizontales ; palpes velus, atteignant l'extrémité des poils du front ou les dépassant un peu ; trompe en spirale ; yeux ciliés ; antennes sétacées, ciliées chez les mâles ; thorax large, comprimé, garni de poils couchés et laineux, orné d'une crête longitudinale et divisée ; abdomen laineux, faiblement conique ; pattes courtes, laineuses ; ailes antérieures longues et étroites, presque partout d'égale largeur.

Chenilles épaisses, avec des verrues en forme de points surmontées de poils isolés ; 16 pattes.

Esp. : 1. *X. semibrunnea*, Hw. ; 2. *zinchenii*, Tr. ; 3. *socia*, Hfn. ; 4. *ornithopus*, Hfn.

Genre 150. — CALOCAMPE.—CALOCAMPA, Steph.
Xylina, Tr.

Car. — Voisin du précédent, mais le front et les palpes plus courts et velus, le dos plus voûté, avec la crête dorsale peu saillante ; pièces anales larges, arrondies à leur extrémité inférieure et aiguës supérieurement ; le reste comme chez le précédent.

Chenilles allongées, cylindriques, nues ; tête petite, arrondie ; 16 pattes.

1. *C. vetusta*, Hb.; 2. *exoleta*, L.

Genre 151. — XYLOMIGE. — XYLOMIGES, Guen.
Xylina, Tr. — **Luperina**, Boisd.

Car. — Les espèces de ce genre ressemblent à celles du précédent dont elles se distinguent par des yeux velus, le front et les palpes garnis de poils grossiers, le premier segment abdominal muni d'une touffe de poils et par les pièces anales angulaires.

Esp. : *X. conspicillaris*, L.

Genre 152. — ASTÉROSCOPE. — ASTEROSCOPUS, Boisd.
Xylina, Tr.

Palpes courts, ne dépassant pas le front ; trompe courte et molle ; yeux nus, ciliés ; antennes relativement longues, avec une touffe de poils à leur base, pectinées chez les mâles, ciliées chez les femelles ; thorax large, voûté, garni de longs poils laineux ; abdomen velu ; poitrine et pattes laineuses, ces dernières courtes avec une forte épine à la base du tarse ; pièces anales assez longues et étroites.

Chenilles épaisses, nues, transparentes, le onzième segment proéminent ; tête ronde, comprimée ; 16 pattes.

Esp. : *A. sphinx*, Hfn.

GENRE 153. — XYLOCAMPE. — XYLOCAMPA, Guen.

Xylina, Tr.

Car. — Front muni de deux touffes de poils superposées et placées entre les antennes ; palpes dépassant le front, longs faiblement velus ; trompe en spirale ; yeux nus, ciliés sur les bords ; antennes sétacées, robustes chez les mâles, non ciliées dans les deux sexes ; thorax quadrangulaire et voûté ; corselet plus élevé que le thorax et prolongé en un capuchon; abdomen garni de poils grossiers avec des houppes sur la ligne médiane ; poitrine et pattes laineuses, ces dernières courtes et inermes.

Chenilles grêles, atténuées en avant, garnies de petites verrues ; 16 pattes.

Esp. : *X. areola*, Esp.

GENRE 154. — CALOPHASIE. — CALOPHASIA, Steph.

Xylina, Tr. — **Cleophana**, Boisd.

Car. — Front et palpes garnis de poils isolés, ces derniers retroussés ; trompe en spirale ; yeux nus, ciliés sur les bords ; antennes sétacées, ciliées chez les mâles ; corselet voûté formant une sorte de capuchon ; thorax large, quadrangulaire, voûté, avec une épaisse fourrure et une gibbosité postérieure ; abdomen assez court, à fourrure fine ; pattes courtes, laineuses ; pièces anales étroites, en forme d'épines ; ailes antérieures courtes, légèrement élargies en dehors.

Chenilles nues, fusiformes, à tête petite et comprimée; 16 pattes.

Esp. : *C. lunula*, Hfn.

GENRE 155. — CUCULLIE. — CUCULLIA, Schrk.

Car. — Fourrure du dos et du corselet assez courte et lisse, formant souvent une petite gibbosité sur l'écusson ; front garni de poils courts ; palpes dépassant un peu le front, retroussés, laineux ; yeux nus, à bords ciliés ; trompe en spirale ; antennes sétacées, finement ciliées chez les mâles ; corselet en forme de capuchon ; dos quadrangulaire, voûté; abdomen long et étroit, s'amincissant en arrière, avec une petite touffe de poils sur le premier segment, parfois aussi sur le deuxième et le troisième ; pattes relativement courtes ; ailes antérieures en forme de lancette.

Chenilles nues, luisantes, parcheminées, bariolées ; 16 pattes.

Esp. : 1. *C. verbasci*, L ; 2. *scrophulariæ*, Sch. ; 3. *lychnitis*, Rbr. ; 4. *asteris*, Sch. ; 5. *umbratica*, L.; 6. *chamomillæ*, Sch.; 7. *gnaphalii*, Hb.; 8. *absinthii*, L.

Genre 156. — ABROSTOLE. — PLUSIA, Tr.

Abrostola, Steph.

Car. — Ce genre comprend des noctuelles de taille moyenne et de forme assez grêle. Yeux nus, ciliés sur les bords ; trompe en spirale ; antennes sétacées, courtes et ciliées chez les mâles ; front et palpes laineux, ces derniers retroussés en faucille, de longueur variable; corselet voûté ; dos court, avec une fourrure fine et lisse, présentant en avant une éminence en forme de selle ; abdomen grêle, avec des touffes de poils sur la ligne médiane ; poitrine et pattes laineuses ; ailes antérieures étroites à leur base mais s'élargissant en dehors.

Chenilles atténuées en avant, garnies de poils fins et isolés ; 16 ou 12 pattes.

Esp. : 1. *P. triplasia*, L.; 2. *urticæ*, Hb.; 3. *asclepiadis*, Sch.; 4. *C aureum*, Kn.; 5. *moneta*, Fab.; 6. *chrysitis*, L.; 7. *festucæ*, L.; 8. *jota*, L.; 9. *pulchrina*, Hw.; 10. *gamma*, L.

Genre 157. — ÉDIE. — AEDIA, Hb.

Catephia, Tr.

Car. — Yeux nus, non ciliés ; trompe en spirale ; palpes dépassant le front, retroussés; antennes des mâles finement ciliées et une soie sur les côtés de chaque article ; abdomen assez court ; pattes courtes finement velues.

Chenilles grêles, garnies de verrues alignées ; 16 pattes.

Esp.: *A. funesta*, Hb.

Genre 158. — ANARTE. — ANARTA, Tr.

Car. — Tête petite, rentrée; yeux petits, velus ; trompe en spirale; antennes sétacées, presque filiformes, finement ciliées chez les mâles ; front et palpes garnis de poils longs et rudes; palpes courts, dépassant à peine le front; thorax large, voûté, légèrement quadrangulaire ; abdomen court relativement au thorax ; poitrine et pattes velues, ces dernières courtes, inermes ; pièces anales assez étroites, à extrémité obtuse et courbée en dedans ; ailes antérieures courtes et larges.

Chenilles épaisses, cylindriques, à tête petite et arrondie ; 16 pattes.

Esp. : *A. myrtilli*, L.

G NRE 159. — HÉLIAQUE. — HELIACA, H. S.

Anarta, Tr. — **Panemeria**, **Gymnopa**, Steph.

Car. — Noctuelles de petite taille, à thorax arrondi et, de même que le front et les palpes, grossièrement velu ; palpes courts, ne dépassant pas le front ; yeux petits et nus ; trompe en spirale ; antennes grêles, sétacées, à peine ciliées chez les mâles ; abdomen court, écailleux, un peu plus gros chez les femelles ; poitrine et pattes garnies de poils rudes mais peu abondants, ces dernières courtes et armées de longues épines ; ailes antérieures courtes et larges.

Chenilles cylindriques, épaisses ; 16 pattes.

Esp. : *H. tenebrata*, Scop.

GENRE 160. — HÉLIOTHE. — HELIOTHIS, Tr.

Car. — Front plus ou moins boursouflé, poilu ; trompe en spirale ; yeux nus ; antennes sétacées, ciliées chez les mâles ; palpes retroussés, velus ; thorax voûté; à poils lisses et couchés ; abdomen grêle ; pattes poilues, épineuses, les antérieures terminées par un ou deux crochets.

Chenilles grêles, nues ou parsemées de poils courts et fins ; 16 pattes.

Esp. 1. *H. dipsaceus*, L. ; 2. *peltiger*, Sch. ; 3. *armiger*, Hb.

GENRE 161. — CHARICLÉ. — CHARICLEA, Kirby.

Xylina, Tr.

Car. — Ce genre diffère du précédent par l'absence d'épines aux pattes et par la présence d'une gibbosité placée derrière le corselet et se prolongeant jusqu'à l'extrémité du dos.

Esp. : 1. *C. delphinii*, E. ; 2. *umbra*, Hfn.

GENRE 162. — ACONTIA. — ACONTIA, Tr.

Car. — Noctuelles de taille moyenne; têtes, palpes, thorax, pattes et abdomen écailleux; palpes retroussés; yeux nus et relativement gros; trompe en spirale; antennes sétacées dans les deux sexes; écusson grand et boursouflé se prolongeant jusqu'à la base du dos; pièces anales courtes, terminées supérieurement en pointe obtuse et arrondies inférieurement.

Chenilles grêles, lisses, avec un écusson corné sur le premier segment; 16 pattes.

Esp. *A. luctuosa*, Sch.

Genre 163. — ERASTRIE. — ERASTRIA, Tr.

Pyralis, Fab. — **Anthophila, Agrophila**, Boisd.

Car. — Lépidoptère de petite taille, ailes presque triangulaires; front, palpes, poitrine, pattes et abdomen écailleux; yeux nus; trompe en spirale; antennes sétacées, faiblement ciliées chez les mâles; palpes retroussés ; thorax arrondi, écailleux, avec une faible gibbosité postérieure; abdomen grêle, légèrement plus gros chez les femelles.

Chenilles grêles, nues, troisième et quatrième paires de pattes abdominales bien conformées, la deuxième est rudimentaire et la première manque complètement.

Esp. : 1.; *E. argentula*, Hb.; 2. *uncana*, L.; 3. *venustula*, Hb.; 4. *deceptoria*. Scop.; 5. *fasciana*, L.

Genre 164. — PROTHYMIE. — PROTHYMIA, Hb.

Anthophila, Tr.

Car. — Taille petite; front, palpes et pattes écailleux; palpes dépassant fortement le front, à dernier article long et grêle; trompe en spirale; yeux gros et nus; antennes sétacées, ciliées chez les mâles; thorax arrondi et, de même que l'abdomen, comprimé, pubescent et écailleux.

Chenilles inconnues.

Esp. : *P. laccata*, Scop.

Genre 165. — AGROPHILE. — AGROPHILA, Boisd.

Erastria, Tr.

Car. — Taille petite; corps finement écailleux; trompe en spirale; yeux nus; antennes sétacées, chez les mâles avec une courte soie de chaque côté des articles; palpes grêles, retroussés, à dernier article assez long; thorax arrondi et écailleux; abdomen grêle, un peu plus gros chez les femelles.

Chenilles grêles, en forme d'arpenteuses; 12 pattes.

Esp. : *A. trabealis*, Scop.

GENRE 166. — EUCLIDIE.— EUCLIDIA, Treit.

Car. — De taille moyenne, les mâles grêles, les femelles plus robustes; trompe en spirale; yeux nus; antennes grêles, assez longues, ciliées ou pectinées chez les mâles ; palpes retroussés ; thorax velu, arrondi; abdomen plus court chez les femelles; poitrine et cuisses peu velues; pattes écailleuses et armées d'épines.

Chenilles grêles, longues, nues, en forme d'arpenteuses; 12 pattes bien développées.

Esp. : 1. *E. mi*, Cl.; 2, *glyphica*, L.

GENRE 167. — PSEUDOPHIE. — PSEUDOPHIA. Guen.

Ophiusa, Tr.

Car. — Genre voisin des deux derniers, mais à formes beaucoup plus robustes : thorax plus large et velu ; pattes robustes, épineuses ; ailes plus étroites, peu élargies en dehors.

Chenilles grêles, nues; 16 pattes, mais les deux premières paires abdominales moins bien développées que les autres.

Esp. : *P. lunaris*, Sch.

GENRE. 168. — ALCHIMISTE. — CATEPHIA, Treit.

Car. — Ce genre tient des *Pseudophia* et des *Catocala* dont il se distingue par des pattes non épineuses.

Taille moyenne, assez robuste; front et palpes courts, finement velus, ces derniers retroussés et dépassant le front; trompe en spirale; yeux nus; antennes sétacées, ciliées chez les mâles; thorax à fourrure épaisse et lisse, quadrangulaire, avec une gibbosité postérieure; abdomen atténué en arrière, velu, avec de fortes touffes de poils sur la ligne médiane; poitrine et pattes laineuses.

Chenilles grêles, garnies de verrues, quatrième et onzième segments surmontés d'excroissances charnues; tête arrondie; 16 pattes.

Esp.: *C. alchymista*, Sch.

GENRE 169. — LIKENÉE. — CATOCALA, Schrk.

Car. — Front et palpes velus, ces derniers très développés; trompe en spirale et longue; yeux nus et gros; antennes grêles, ciliées chez les mâles; thorax faiblement voûté, velu, avec une faible gibbosité en arrière; abdomen dépassant les ailes chez les mâles, grêle, terminé en pointe, garni de poils courts; poitrine et pattes laineuses, ces dernières garnies d'épines; ailes antérieures larges.

Chenilles allongées, comprimées, avec les segments antérieurs plus étroits; huitième et onzième segments surmontés d'une proéminence charnue; flancs ciliés; abdomen comprimé; 16 pattes.

Esp.: 1. *C. fraxini.* L.; 2. *nupta*, L.; 3. *sponsa.* E., 4. *promissa*, Esp., 5. *electa*, Bkh.

GENRE 170. — TOXOCAMPE — TOXOCAMPA, Guen.

Ophiusa, Tr. — **Phytometra**, Hw.

Car. — Palpes retroussés, dépassant le front, écailleux; trompe en spirale; yeux gros, nus; antennes de longueur moyenne, sétacées, ciliées chez les mâles et chaque article muni d'une soie sur les côtés; thorax faiblement voûté, à poils lisses; abdomen écailleux, grêle chez les mâles, un peu plus épais chez les femelles; pattes écailleuses ou pubescentes, inermes; pièces anales larges et obtuses; ailes larges.

Chenilles grêles, nues; 16 pattes, la première paire des abdominales plus courte.

Esp.: 1. *T. pastinum*, Tr.; 2. *craccæ*, Sch.

GENRE 171. — ENNOMOS. — AVENTIA, Dup.

Ennomos, Tr.

Car. — De taille moyenne. Palpes dépassant le front de la longueur de la tête, velus; trompe en spirale; yeux nus; antennes sétacées, chez les mâles très courtes et faiblement ciliées; front et dos très courts, à poils couchés; abdomen et pattes écailleux; ailes antérieures de forme particulière, aiguës et découpées en faucille depuis la pointe jusqu'à la quatrième nervure.

Chenilles courtes et épaisses; 12 pattes et des poils en franges sur les flancs.

Esp. *A. flexula*, Sch.

GENRE 172. — BOLÉTOBIE. — BOLETOBIA, Boisd.

Gnophos, Tr.

Car. — Palpes grêles, très allongés; trompe en spirale; antennes pectinées chez les mâles; corps grêle.

Chenilles cylindriques, molles, garnies de verrues en forme de points et surmontées d'un poil long et recourbé; 12 pattes.

Esp. : *D. fuliginaria*, L.

Genre. 173. — ZANCLOGNATHE. — ZANCLOGNATHA, Led.

Herminia, Treit.

Car. — De formes grêles; front garni de touffes de poils courts; palpes en faucille, dépassant la tête de beaucoup, à dernier article aigu; trompe en spirale; yeux nus; antennes des mâles finement mais longuement frangées, avec une forte soie sur les côtés de chaque article, avec ou sans nœud au milieu, sétacées chez les femelles; pattes grêles, écailleuses; chez les mâles, la paire antérieure est souvent ornée de brosses de poils allongés et disposés comme des plumes ; ailes antérieures un peu plus longues que larges.

Chenilles à 14 ou à 16 pattes.

Esp. : *Z. tarsiplumalis*, Hb.; 2, *grisealis*, Sch.;3. *zelleralis*, Wk.; 4. *tarsicrinalis*,Kn.; 5. *tarsipennalis*, Tr.; 6. *emortualis*, Sch.

Genre 174. — MADOPA. — MADOPA, Steph.

Hypena, Tr.

Car. — Mêmes caractères que le genre précédent, mais les palpes retroussés, beaucoup plus courts et à dernier article court et aigu; antennes sétacées, ciliées chez les mâles et chaque article muni de soies latérales; pattes de forme ordinaire.

Chenilles grêles, molles, à tête arrondie ; 14 pattes.

Esp. *M. salicalis*, Sch.

Genre 175. — HERMINIE. — HERMINIA, Treit.

Car. — Les espèces de ce genre sont très voisines des Zanclognathes dont elles se distinguent par la structure des palpes; ceux-ci sont écailleux et leur deuxième article très long et droit, le dernier retroussé et aigu.

Esp. : *H. crinalis*, Tr.; 2. *derivalis*, Hb.

Genre 176. — PÉCHIPOGON. — PECHIPOGON,Steph.

Herminia, Treit.

Car.— Ce genre ne diffère du précédent que par la forme des ailes antérieures à leur point d'attache ; antennes des mâles avec un nœud au milieu, légèrement pectinées et chaque dent munie d'un long pinceau de poils; pattes antérieures des mâles avec des pinceaux de poils.

Chenilles à 16 pattes.

Esp. : *P. barbalis*, Cl.

GENRE 177. — BOMOLOCHE. — BOMOLOCHA, Hb.

Hypena, Treit.

Car. — De forme plus robuste que les précédents, l'abdomen plus court et les ailes antérieures plus aiguës.

Front garni de poils horizontaux saillants formant entre les antennes une sorte de crête; palpes horizontaux, dépassant le front de la longueur de la tête, écailleux; trompe en spirale; yeux nus, ciliés sur les bords; antennes sétacées, faiblement ciliées chez les mâles; fourrure du thorax épaisse, ce qui le rend plus robuste et plus voûté que chez les genres précédents; abdomen écailleux avec de petites brosses sur la ligne médiane; poitrine et pattes laineuses.

Chenilles grêles, cylindriques, verruqueuses; tête petite; 14 pattes.

Esp. : *B. fontis*, Thnb.

GENRE 178. — HYPÈNE. — HYPENA, Treit.

Car. — Front grossièrement écailleux avec une sorte de crête au milieu; trompe en spirale; yeux nus, non ciliés; palpes horizontaux; antennes sétacées, plus ou moins ciliées; abdomen grêle; pattes écailleuses.

Chenilles grêles, garnies de verrues hérissées de poils; 14 pattes.

Esp. : 1. *H. rostralis*, L.; 2. *proboscidalis*, L.

GENRE 179. — HYPENODE. — HYPENODES, Guen.

Car. — Taille très petite, mais ressemblant aux Hypènes pour les antennes, les palpes et les pattes, qui sont cependant beaucoup plus faibles; se caractérisent par l'absence d'ocelles.

Chenilles inconnues.

Esp. : 1. *H. costœstrigalis*, Steph.; 2. *albistrigatus*, Hw.

GENRE 180. — RIVULE. — RIVULA, Guen.

Botys, Tr.

Car. — De taille assez petite et grêle; front avec une crête écailleuse horizontale; palpes écailleux, dépassant le front de deux fois la longueur de la tête; trompe en spirale; yeux nus; ocelles visibles; antennes sétacées légèrement ciliées chez les mâles; thorax et pattes écailleux, ces dernières robustes.

Chenilles garnies de verrues poilues; 16 pattes.

Esp.: *R. sericealis*, Scop.

Genre 181. — BREPHOS. — BREPHOS, Ochs.

Car. — Palpes médiocres, très velus; antennes subpectinées chez les mâles, sétacées chez les femelles; thorax comprimé; abdomen grêle; ailes antérieures étroites, triangulaires.

Chenilles grêles, comprimées en dessous; 16 pattes, mais les deux premières paires des abdominales sont peu développées.

Esp.: 1. *B. parthenias*, L.; 2. *nothum*, Hb.

Charéas graminivore.

CHARÉAS GRAMINIVORE

CHARÆAS GRAMINIS, Lin.

THE ANTLER. — FUTTERGRASEULE.

Lin. S. N. x, p. 506; F. S. p. 303. — Esp. III pl. 68, f. 1-3. — Hubn. f. 480-1. — Treits. V, 1, p. 120. — Boisd. Ic. pl. 74, f. 4, 5. — Dup. VI, pl. 85, f. 4. — Gn. I. p. 176. — Ann. Soc. ent. B. I, p. 85. — Spey. Geogr. verb. II, p. 130. — Staud. Cat. p. 89, n° 1249. Phalæna graminis, L. — Bombyx tricuspis, Esp. — Noctua tricuspis, Hb. — Episema graminis, Treits. — E. albineura et heliophobus graminis, Boisd. — Charæas graminis, Cerapteryx graminis et hibernica, Step.

Cette noctuelle est répandue dans l'Europe centrale et septentrionale depuis l'Irlande jusqu'aux monts Ourals ; on l'observe au nord jusqu'au 70°. Elle est surtout commune dans les contrées arctiques, en Islande et au Groenland, et l'abondance de ses chenilles la rend parfois fort nuisible. Elle est rare en Belgique où on la rencontre parfois dans la province de Liége ; il paraît que cette espèce a également été observée dans la Sibérie orientale et au Labrador.

La chenille se montre en automne et elle passe l'hiver près des racines de diverses graminées qui forment les prairies. Les métamorphoses ont lieu dans la terre pendant le mois de juin, et l'insecte parfait vole en juillet et août.

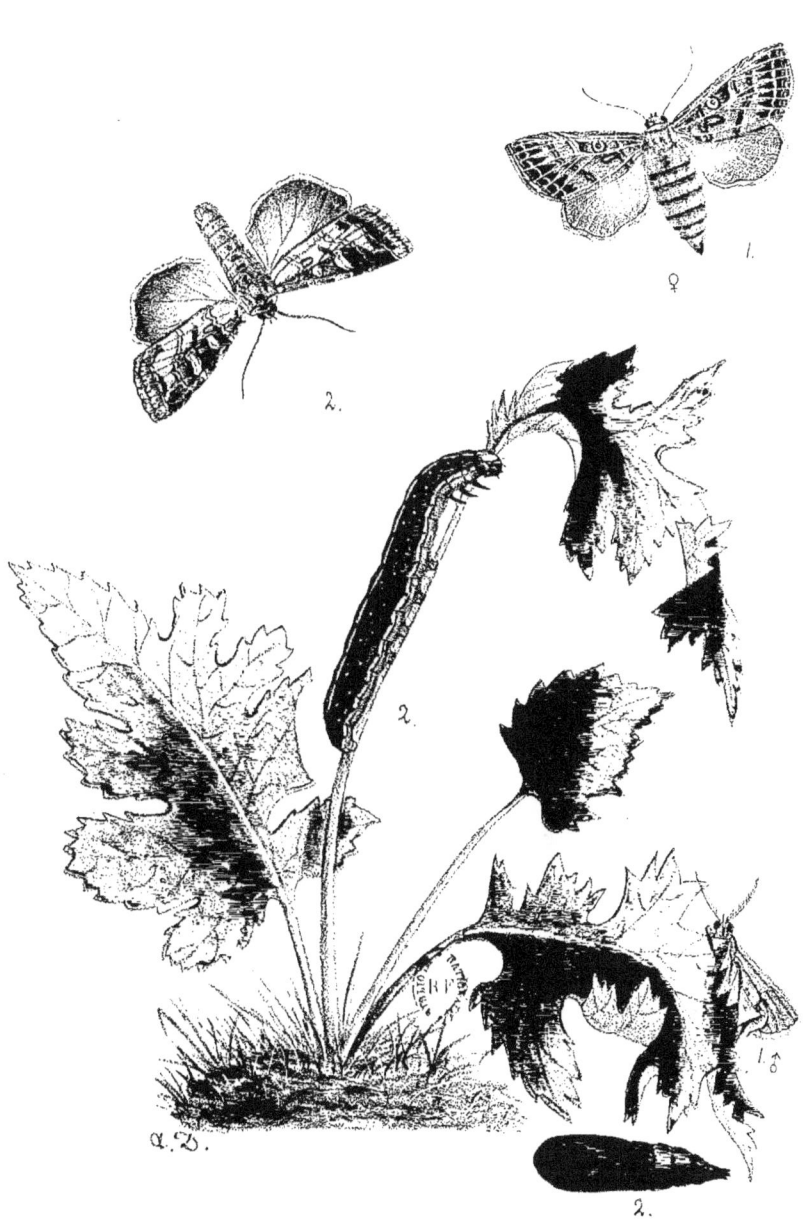

1. Nasse populaire, 2. Mamestre carnée.

NASSE POPULAIRE
NEURONIA POPULARIS, Fab.

Fab. Syst. Ent. p. 577 — Esp. III pl. 48, f. 1-5. — Hubn. f. 59. p. 174. — Bkh. IV, p. 398. — Treits. V, 1, p. 316. — Gn. 1, p. 170. — Dup. VI, pl. 90, f. 5. — Led. Noct. pp. 31,88. — Ann. Soc. ent. B. I, p. 85. — Spey. Geogr. verb. II, p 131. — Staud. Cat. p. 89, n° 1250

Bombyx popularis, F. — B. lolii, Esp. — Noctua graminis, Hb. — Hadena popularis, Treits. — Heliophobus popularis, Boisd. — Neuronia popularis, Led.

Cette espèce habite l'Europe centrale et la Sibérie entre le 43° et le 60°, depuis l'Angleterre jusqu'aux monts Altaï; elle est rare en Belgique, où elle a été observée dans diverses localités, particulièrement à Laeken, à Liège, à Huy, etc.

On trouve la chenille depuis l'automne jusqu'au printemps, sur l'ivraie *(Lolium perenne)*, le chiendent *(Triticum repens)* et autres graminées. Elle hiverne et a des habitudes nocturnes, car elle se tient cachée dans la terre durant le jour. La chrysalidation a lieu dans le sol et l'insecte parfait vole en août et septembre.

MAMESTRE CARNÉE
MAMESTRA ADVENA, Sch.

Schiff. S. V. p. 77. — Esp. pl. 178, f. 4-5. — Hubn. f. 81. — Treits. V, 2, p. 39. — Frey. N. Beitr. pl. 28. — Gn. II, p. 81. — Ann. Soc. ent. B. I, p. 90. — Spey. Geogr. verb. II, p. 156. — Staud. Cat. p. 90, n° 1255.

Noctua advena, Sch. — Polia advena, Treits. — Aplecta advena, Gn. — Mamestra advena, Led.

On observe cette noctuelle entre le 44° et le 57°, depuis l'Angleterre jusqu'aux monts Altaï. Elle est très rare en Belgique : elle a été capturée près de Bruxelles, de Liège, de Huy et de Dinant.

La chenille vit sur les laiterons *(Sonchus)* et se tient cachée sous les feuilles pendant le jour; elle hiverne dans la mousse ou sous des pierres et se métamorphose en avril dans la terre. L'insecte parfait vole en juin et juillet.

Chenille et chrysalide d'après Freyer.

Mamestre coureuse
sur l'Achillée.

MAMESTRE COUREUSE

MAMESTRA LEUCOPHÆA, Schiff.

THE FEATHERED EAR. — TAUSENDBLATTEULE.

Schiff. Syst. verz. p. 82. — Esp. Schm. III. pl. 53, f. 4 5 ; IV, pl. 145. f. 1. — Fab. Ent. syst. p. 484. — Treits. Schm. Eur. V, 1. p. 319. — Dup. Hist. nat. lep VI, pl. 90, f. 6. Frey. N. Beitr. pl. 382· — Led. Noct. p. 31 et 89. — Step. Cat. Br. Lep. p. 97. — Ann. Soc. ent. B. I, p. 85. — Spey. Geogr. verb II, p. 156. — Staud. Cat. p. 90, n° 1252.

Noctua leucophæa, Sch. — N. ravida et Bombyx vestigialis, Esp. — B. fulminea, F. — Heliophobus leucophæus et Pachetra leucophæa, Step. — Hadena leucophæa, Treits. — Luperina leucophæa, Boisd. — Mamestra leucophæa, Led.

Cette noctuelle est généralement répandue depuis l'Angleterre jusqu'à l'Altaï ; en Europe, on la rencontre presque partout entre le 44° et le 56°. Elle est assez commune dans la plupart des bois de la Belgique.

La chenille vit en automne et au printemps sur plusieurs plantes herbacées, telles que l'achillée, le genêt et diverses graminées ; elle hiverne sous de la mousse ou sous des feuilles mortes. Elle a toute sa taille en avril et se chrysalide alors sur la terre à l'intérieur d'un léger tissu.

L'insecte parfait vole en mai et en juin.

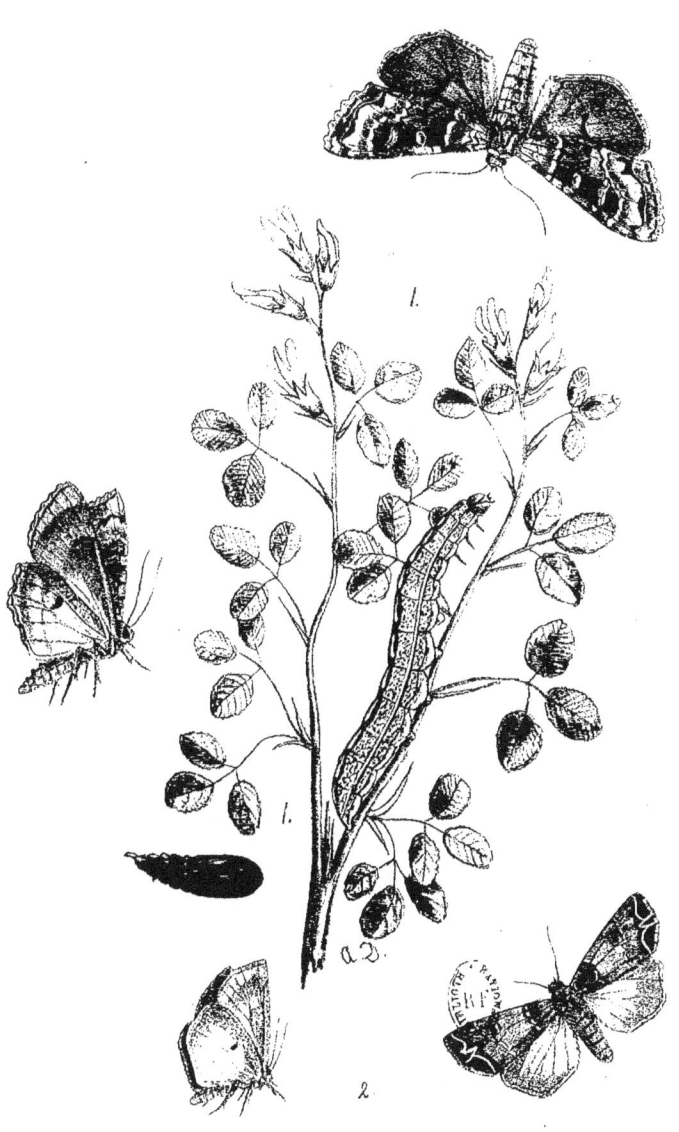

1 Mamestre cachée, 2. M. enfumée.

MAMESTRE CACHÉE
MAMESTRA TINCTA, Brahm.

Brahm. Ins. Kal. II, p. 395. — Esp. pl. 131. f. 5. — Hubn. p. 190; pl 77. — Treits. Schm. Eur. V, 2, p. 43. — Dup. VI, pl. 96, f. 3 — Frey. N. Beitr. pl. 293. — Ann. Soc. ent. B. I, p. 90. — Led. Noct p. 31 et 89. — Spey. Geogr. Verb. II, p. 155. — Stgr. Cat. p. 90, n° 1256.

Noctua tincta, Brah. — N. trimaculosa, Esp. — N. hepatica, Hb. — Polia tincta, Treits. — Eurois tincta. Step. — Aplecta tincta, Gn.—Mamestra tincta, Led.

Cette noctuelle est répandue en Europe et en Sibérie entre le 60° et le 44° depuis l'Angleterre jusqu'à l'Altaï. Elle est rare en Belgique.

La chenille apparait en automne et hiverne; on la retrouve en mai, dans son entier développement, sur diverses plantes herbacées et principalement sur celles des genres bugrane *(Ononis)* et airelle *(Vaccinium)*. Elle se tient cachée pendant le jour et se métamorphose à l'intérieur d'un léger cocon. L'insecte parfait vole en juin et en juillet.

MAMESTRE ENFUMÉE
MAMESTRA SUASA, Schiff.

Schiff. W. V. p. 83. — Knoch, Beitr. I, p. 57. — Treits. Schm. Eur. V, 2, p. 136. — Dup. III, pl. 1, f. 7; pl. 30, f. 1 *(Ab.)*. — Ann. Soc. ent. B. I, p. 88. — Spey. Geogr. verb. II, p. 151. — Staud. Cat. p. 90, n° 1261.

Noctua suasa, Sch. — N. dissimilis, Ku. — N. aliena, Dup. *(Ab.)*. — Hadena suasa, Boisd. — Mamestra suasa, Treits. — M. dissimilis, Stgr.

La mamestre enfumée habite presque toute l'Europe et la Sibérie jusqu'au Japon; elle est plus ou moins répandue entre le 62° et le 44°. Elle est assez rare en Belgique.

La chenille vit en août et en septembre sur les choux, l'arroche, la bette, la laitue, etc. et se tient toujours à la partie inférieure des feuilles ou sur le sol. Elle se métamorphose à l'intérieur d'un léger cocon formé en partie de terre. La noctuelle vole en mai et en juin de l'année suivante.

Mamestre teinte,
sur le Genet d'Espagne

MAMESTRE TEINTE

MAMESTRA CONTIGUA, Schiff.

THE BEAUTIFUL BROCADE. — GUTHEINRICHEULE

Schiff. W. V. p. 82. — Esp. Schm. pl. 160, f. 8. — Hubn. Noct f. 85 et 609. — Brah. Ins. Kal. II, p. 323. — Treits. Schm. Eur. V. 1, p. 352. — Dup. Lep. de Fr. VI, pl. 91, f. 2. — Frey. N. Beitr. pl. 16. — Ann. Soc. ent. B. I, p. 89. — Led. Noct. p. 31. — Spey. Geogr. verb. II, p. 150. — Staud. Cat. p. 90, n° 1258

Noctua contigua, Sch. — N. ariæ, Esp. — N. dives et pulchellina, Haw. — Hadena contigua, Treits. — H. spartii, Borkh. — Mamestra contigua, Led.

Cette noctuelle est répandue dans toute l'Europe centrale, entre le 60° et le 45° degré, depuis l'Angleterre jusqu'aux monts Altaï. Elle est assez rare en Belgique.

On trouve la chenille depuis le mois de juillet jusqu'en septembre, sur les genêts, les vacciniées, le sarothamne, l'achillée et autres plantes herbacées. Elle se métamorphose, dans la terre, en automne et vole en mai et en juin dans les bois.

Mamestre brodée
sur la Linaire commune

MAMESTRE BRODÉE

MAMESTRA NEBULOSA, Hufn.

THE GRAY ARCHES. — NEBELEULE.

Hufn. Berl. Mag. III, 418. — Hubn. Noct. pl. 16, f. 78. — Esp. Schm. pl. 132, f. 1, 2. — Treits. Schm. Eur. V, 2, p. 48. — Step. H. III, 28; Cat. 101. — Dup. Pap. de Fr. VI. pl. 97, f. 1. — Frey. Beitr. pl. 52. — Ann. Soc. ent. B. I, 90. — Led. Noct. 31 et 189. — Spey. Geogr. verb. II, 155. — Staud. Cat., 90, n° 1257.

Phalæna nebulosa, Hufn. — Ph. thapsi, Brah. — Noctua plebeja, Hb. — N. polyodon, Sch. — N. bimaculosa, Esp. — Polia nebulosa, Treits. — P. bimaculosa et Eurois nebulosa, Step. — Mamestra nebulosa, Led.

Cette noctuelle est plus ou moins commune dans toute l'Europe située entre le 60° et le 38° degré, depuis les iles Britanniques jusqu'aux monts Altaï. Elle est très-commune dans beaucoup de localités de la Belgique.

On trouve la chenille, en septembre et en octobre, dans les clairières des bois. Elle se nourrit de ronces, de graminées, de patiences *(Rumex)* de primevères *(Primula)*, de linaires *(Linaria)*, de molènes *(Verbascum)* de laitues, etc. Après avoir hiverné, cette chenille opère sa métamorphose en avril; celle-ci a lieu à l'intérieur d'un léger cocon, formé en grande partie de terre et caché à la surface du sol.

L'insecte parfait prend son essor au bout de six semaines; on le rencontre pendant les mois de mai et de juin, aussi bien dans les montagnes que dans les plaines.

Mamestre Thalassine
sur l'Epine Vinette.

Mamestre pisivore.

MAMESTRE PISIVORE

MAMESTRA PISI, Lin.

BROOM MOTH. — ERBSENEULE

Lin. Syst. Nat. X, p. 517; F. S. p. 319. — Esp. Schm. pl. 167, f. 1-5. — Hubn. Noct pl. 91, f. 429. — Treits. Schm. Eur. V, 2, p. 128. — Dup. Lep. de Fr. VII, pl. 101, f. 5. — Sepp, Nederl. ins. IV, pl. 46. — Ann. Soc. ent. B. I, p. 88. — Spey. Geogr. verb II, p. 153. — Staud. Cat. p. 90, n° 1269.
Phalæna pisi, L. — Noctua pisi, Esp. — Mamestra pisi, Treits. — M. splendens, Step. Hadena pisi, Boisd.

Cette noctuelle est généralement commune dans toute l'Europe depuis la Laponie et l'Islande jusqu'en Toscane, et depuis l'Angleterre jusqu'à l'Oural; on la rencontre également dans l'Amérique du nord. Elle est très-commune en Belgique.

La chenille vit de juillet en septembre sur diverses papilionacées, telles que : pois *(Pisum)*, haricot *(Phaseolus vulgaris)*, vesces *(Vicia)*, genêt *(Sarothamnus scoparius)* et trèfles *(Trifolium)*; on l'a également trouvée sur les dauphinelles *(Delphinium)*, les patiences *(Rumex)*, l'asperge *(Asparagus)*, les saules *(Salix)* et même sur la bruyère.

La chrysalide hiverne dans la terre et la noctuelle vole en mai et en juin.

Mamestre brassicaire.

MAMESTRE BRASSICAIRE

MAMESTRA BRASSICÆ, Lin.

THE CABBAGE MOTH. — KOHL-EULE.

Lin. S. N. X, 516; F. S, p. 319. — Esp. Schm. IV, pl. 159, f. 1-6. — Hubn. Noct, pl. 18, f. 88. — Treits. Schm. Eur. V, 2, p. 150. — Dup. Lep. de Fr. VII, pl. 102, f. 5 — Boisd. Ind. p. 118, n° 915. — Ann. Soc. ent. B. I, p. 88. — Spey. Geogr. verb. II, p. 154. — A. Dub. Traité d'ent. hort. p. 132. — Staud. Cat. p. 90, n° 1263.

Noctua brassicæ, L. — Mamestra brassicæ, Treits. — Hadena brassicæ, Bd. — Var. : Andalusica, Staud. — Ab.: Noctua albidilinea, Haw.

Cette espèce est très-commune dans toute l'Europe, depuis la Laponie jusqu'à la Méditerranée, et depuis les îles Britanniques jusqu'à l'Oural. On la trouve également au Groenland et dans le sud de l'Asie. La var. *Andalusica* est propre à l'Andalousie.

La mamestre du chou ou brassicaire cause, pendant son premier état, de grands dommages aux végétaux dont elle porte le nom. On trouve la chenille, depuis le mois de juin jusqu'au commencement d'août, sur les laitues et les choux et particulièrement sur la variété dite cabus ou pommé blanc, dont elle ronge les feuilles en pénétrant jusqu'au cœur de la plante ; elle est excessivement abondante pendant certaines années. La chrysalidation a lieu dans la terre pendant les mois d'août et de septembre.

L'insecte parfait vole en mai et en juin de l'année suivante.

Mamestre de la persicaire
sur le Houblon.

MAMESTRE DE LA PERSICAIRE

MAMESTRA PERSICARIÆ, Lin

THE DOT. — FLOHKRAUT-EULE.

Lin. F. S., 319.—Esp. Schm., pl. 129, f. 1-4. — Hubn. Noct. pl. 13. f. 64. — Treits., Schm. Eur., V, 2, p. 156. — Dup. Pap. de Fr. VII, pl. 107, f. 4. — Boisd. Ind. 118, n° 913. — Step., Cat. 91. — Ann. soc. ent. B. J, 88. — Spey. Geogr. Verb. II, 153. —Staud. Cat. 91, n° 1265.

Phalæna n. persicariæ, Lin. — Ph. sambuci, Hufn. — Noctua persicariæ, Hb. — Mamestra persicariæ, Treits. — Hadena persicariæ, Boisd. — *Ab.* : Accipitrina, Esp. =Unicolor, Stgr.

Cette espèce est plus ou moins répandue, dans l'Europe centrale, depuis la Livonie jusqu'au Piémont et le nord de la Turquie, c'est-à-dire du 67ᵉ au 45ᵉ degré, et depuis les îles Britanniques jusqu'au Volga. En Belgique elle est assez commune dans un grand nombre de localités; son aber. *Accipitrina* a été observée dans les environs de Bruxelles.

La chenille est polyphage; elle vit en septembre et en octobre sur une infinité de plantes basses, particulièrement sur celles des genres *Humulus, Polygonum, Sambucus, Rumex, Beta, Artemisia, Urtica, Linaria, Heracleum, Spartium,* etc.

La chrysalidation se fait dans la terre, et l'insecte parfait éclôt en juin ou en juillet de l'année suivante.

1. Mamestre pointillée, 2. M. étrangère.

MAMESTRE POINTILLÉE

MAMESTRA ALBICOLON, Hb.

Hb. f. 542-43. — Treits. V, 2, p. 147. — Dup. VII, pl. 117. f. 3. — Frey. N. BEITR., pl. 501, f. 4; pl. 592. — Boisd. IND. p. 114. — ANN. SOC. ENT. B. I, p. 175. — Spey. GEOGR. VERB. II, p. 154. — Staud. CAT. p. 91, n° 1266.

NOCTUA ALBICOLON, Hb.—MAMESTRA ALBICOLON, Treits.—LUPERINA ALBICOLON, Boisd.

Cette noctuelle habite l'Europe centrale et la Sibérie, entre le 60° et le 45°, depuis l'Angleterre jusqu'à l'Altaï; elle est très-rare en Belgique où on l'observe quelquefois dans la Campine.

La chenille vit en juillet et en août sur le plantain, le pissenlit et autres plantes herbacées. La chrysalide hiverne dans une enveloppe formée de grains de sable agglutinés. L'insecte parfait vole en juin.

MAMESTRE ÉTRANGÈRE

MAMESTRA ALIENA, Hb.

Hb. f. 441. — Treits. V, 2, p. 139. — Gn. II, 100. — Boisd. IND. p. 114. — Spey. GEOGR. VERB. II, p. 152. — ANN. SOC. ENT. B. III, p. 133. — Staud. CAT. p. 19, n° 1271.

NOCTUA ALIENA, Hb. — MAMESTRA ALIENA, Treits. — LUPERINA ALIENA, Boisd.

Cette espèce habite, entre le 60° et le 45°, l'Europe centrale et orientale ainsi que la Sibérie occidentale, depuis la Suisse et la Savoie jusqu'à l'Altaï. En Belgique elle est fort rare : elle a été observée pour la première fois par M. Ch. De Fré à Ostende.

On trouve la chenille en août et en septembre dans les endroits pierreux sur le pied-d'oiseau *(Ornithopus perpusillus)* et sur l'hippocrépide *(Hippocrepis comosa)*, mais elle se tient cachée dans le sol pendant le jour.

Les métamorphoses ont lieu dans la terre et la chrysalide hiverne. La noctuelle vole en juin.

Mamestre des Potagers
sur la Fève des Marais.

MAMESTRE DES POTAGERS

MAMESTRA OLERACEA, Lin.

THE BRIGHT-LINE BROWN-EYE. — KOPFLATTICHEULE.

Lin. S. N. X, 517 ; F. S. 317. — Esp. Schm. pl. 165, f. 4-8. — Hubn. Noct., pl. 18, f. 87. — De Vill. Ent. Lin. II, p. 248. -- Borkh. Eur. Schm. IV, p 451. — Treits. Schm. Eur. V. 2, p. 132. — Dup. Lep. de Fr. VII. pl. 101, f. 6. — Boisd. Ind. p. 118. n° 917. — Ann. soc. ent. B. I, p. 88. — Spey. Geogr verb. II, 152. — A. Dub. Traité d'ent. hort. p. 132. — Staud. Cat. p. 91, n° 1273.

Noctua oleracea, L. — N. spinaciæ, Bkh. — N. monstrosa, Vill. — Mamestra oleracea, Treits. — Hadena oleracea, Boisd.

Cette noctuelle est plus ou moins commune dans toute l'Europe et se montre même dans les montagnes. On la rencontre depuis les îles Britanniques et l'Espagne jusqu'à l'Oural, et depuis le 66ᵉ degré jusqu'à la Méditerranée. On l'observe également dans la partie Nord-ouest de l'Asie mineure.

La chenille est très-commune en Belgique et on la trouve partout en abondance à partir du mois de juin jusqu'en septembre. Elle occasionne parfois de grands dommages dans les jardins potagers, où elle vit aux dépens des feuilles de choux, d'épinards, de laitues, d'oseille, de pois, de fèves, etc. Elle est généralement verte, mais elle varie de couleur suivant les aliments qu'elle prend.

En automne, cette chenille se métamorphose dans la terre à l'intérieur d'un cocon formé en grande partie de grains de sable ; la chrysalide hiverne et l'insecte parfait prend son essor en mai ou en juin.

Mamestre du genêt
sur le Silène enflé.

MAMESTRE DU GENÊT

MAMESTRA GENISTÆ, Borkh,

THE LIGHT BROCADE. — GINSTEREULE.

Borkh. Schm. Eur IV. p. 355 et 378. — Hubn. Noct. f. 611-12. — Haw. L. B. p. 189 — Treits. Schm. Eur. V, 1, p. 349. — Dup. VI, pl. 91 f. 1. — Sepp, Ned. ins. VII, pl. 39. — Frey. N. Beitr. pl. 22. — Ann. Soc. ent. B. I, p. 89. — Led. Noct. p. 32. — Spey. Geogr. verb. II, p. 151. — Staud. Cat. p 91, n° 1274.

Noctua genistæ et N. W latinum, Bkh. -- Hadena genistæ, Treits. — H. leucophina et rectilinea, Haw. — Mamestra genistæ, Led.

Ce lépidoptère est généralement répandu dans l'Europe centrale entre le 60° et le 44°, mais il n'existe pas en Scandinavie; on le rencontre également dans les monts Altaï, dans la Sibérie orientale et même, parait-il, dans l'Amérique septentrionale. Il est assez commun en Belgique.

La chenille vit en juillet et en août sur les genêts *(Genista germanica, tinctoria, sagittalis* et *pilosa)*, le sarothamne *(Sarothamnus scoparius)*, l'airelle *(Vaccinium myrtillus)*, le pigamon *(Thalictrum minus)* et sur le silène enflé *(Silene inflata)*. Elle se tient cachée pendant le jour et ne se montre sur les plantes nourricières que durant la nuit. La chrysalide hiverne dans la terre.

L'insecte parfait vole en mai et en juin.

1. Mamestre ondée 2. M. de l'Ansérine

MAMESTRE ONDÉE
MAMESTRA DENTINA, Schiff.

Schiff. W. V. p. 82. — Esp. pl. 127, f. 3. — Hubn. pl. 498. — Treits. V, 1, p. 328. — Dup. VI, pl. 89. f. 6. — Boisd. IND. p. 119. — Hochenw. BEITR p. 334. — Pier. AN. S. FR. 1837, p. 139, pl. 8, f. 3. — ANN. SOC. ENT. B. I, p. 88. — Spey. GEOGR. VERB. II, p. 149. — Staud. CAT. p. 91, n° 1276.
NOCTUA DENTINA, Sch. — HADENA DENTINA, Treits. — H. ONGSPURGERI, Boisd. — MAMESTRA DENTINA, Led. — *Var.* : LATENAI, Pier.

Cette noctuelle habite toute l'Europe, sauf l'Espagne, le Portugal et le sud de l'Italie ; on la rencontre aussi dans le nord de l'Asie mineure et dans l'Altaï ; elle est assez rare en Belgique. La var. *Latenai* est propre à la région alpine.

On trouve la chenille en juin et en automne sur le pissenlit, les renoncules *(Ranunculus acris* et *repens)*, etc. Elle se métamorphose dans la terre ; l'insecte vole en août, mais les chrysalides qui ont hiverné donnent leur papillon en mai. On le rencontre souvent dans la soirée volant sur les fleurs des jardins.

MAMESTRE DE L'ANSÉRINE
MAMESTRA CHENOPODII, Schiff.

Schiff. W. V. p. 82. — Rott. NATURF. IX, p. 131. — Esp. pl. 181, f. 2, 3; 117, 56; 152, 5. — Hb. f. 86. — Treits. V, 2, p. 144. — Dup. VII, 1, pl. 102, f. 3. — Sepp, VII, pl. 46. — ANN. SOC. ENT. B. I, p. 88. — Spey. GEOGR. VERB. II, p. 148. — Staud. CAT. p. 92, n° 1286.
NOCTUA CHENOPODII, Sch. — N. TRIFOLII, Rott. — N. VERNA et SAUCIA, Esp. — HADENA CHENOPODII, Boisd. — MAMESTRA CHENOPODII, Treits. — M. TRIFOLII, Stg. — *Ab.*: TREITSCHKII, H. G. — FARKASII, Treits.

Cette espèce habite toute l'Europe à partir du 60° ; elle a également été observée en Sibérie, en Chine et en Algérie ; elle est assez commune en Belgique.

La chenille vit depuis le mois de juillet jusqu'en octobre sur les ansérines *(Chenopodium)*, les choux, les laitues, le céleri, l'asperge, les arroches *(Atriplex)*, etc. Elle se métamorphose dans la terre.

La noctuelle vole de mai en juillet.

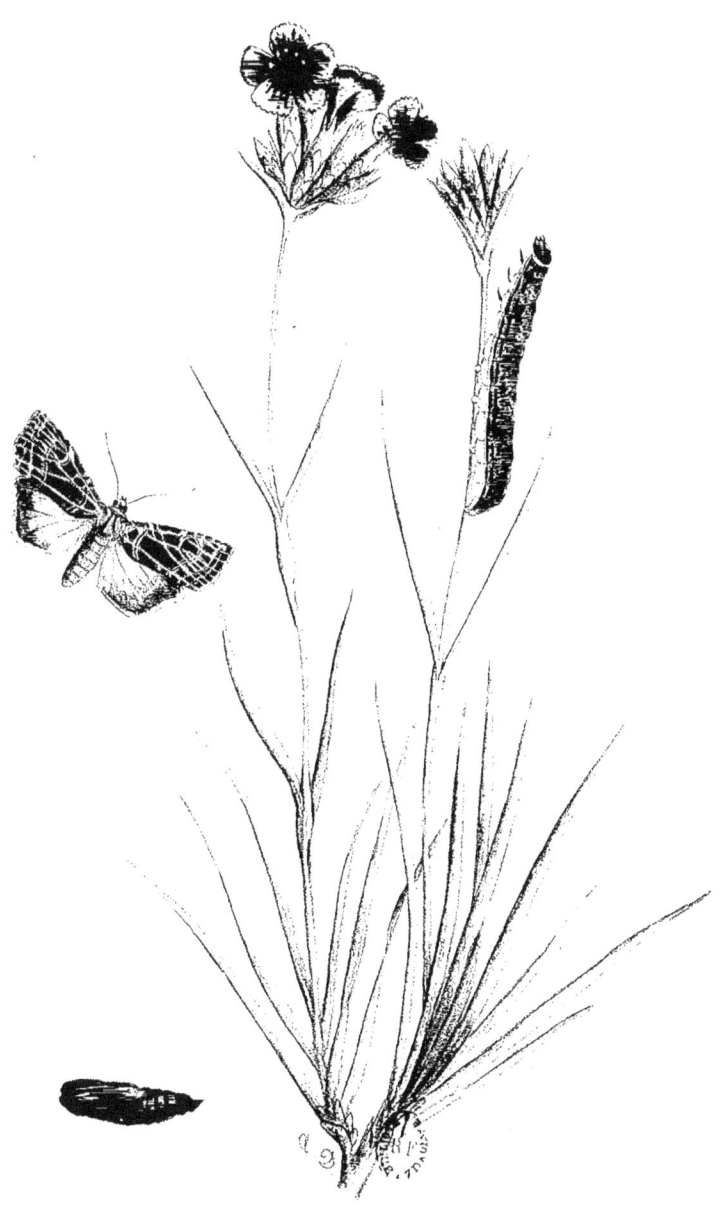

Mamestre réticulée
sur l'Oeillet des chartreux.

MAMESTRE RÉTICULÉE

MAMESTRA RETICULATA, De Vil.

THE BORDERED GOTHIC. — SEIFENKRAUTEULE.

De Vill. Ent. linn. II p. 254. — View. Tab. Verz. II, p. 71. — Borkh. Eur. Schm. IV. p. 370. — Esp. Schm. IV, pl. 198, f. 4 — Hubn. Noct. pl. 12, f. 58. — Treits. Schm. Eur. V, 1, p. 303. — Sepp. Ned. Ins. V, pl. 35. — Dup. VI, pl. 90, f. 2. — Frey. N Beitr. pl. 231. — Led. Noct. p. 32, 90. — Ann. Soc. ent. B. I, p. 88. — Spey. Geogr verb. II, p. 147. — Staud. Cat. p. 92, n° 1290.

Noctua reticulata, De Vil. (1789). — N. calcatrippæ. View (1790). — N. saponariæ, Bkh. (1792). — N. typica, Hb. — Hadena saponariæ, Treits. — Neuria saponariæ, Step. — Mamestra saponariæ, Led. — M. reticulata. Stg.

La Mamestre réticulée habite, entre le 60° et le 44°, toute l'Europe et la Sibérie occidentale depuis l'Angleterre jusqu'aux monts Altaï ; elle est rare en Belgique.

La chenille apparaît en juillet et août, mais elle se tient cachée à terre durant le jour ; on la trouve sur la saponaire *(Saponaria officinalis)*, le cucubale *(Cucubalus baccifer)*, les silénés *(Silene inflata* et autres*)*, les œillets *(Dianthus armeria, carthusianorum, prolifer)*, etc. ; elle se nourrit des semences encore vertes de ces différentes plantes. Les métamorphoses ont lieu dans la terre. La noctuelle vole pendant les soirées du mois de juin.

1. Mamestre cerisière. 2. M. Joconde.

MAMESTRE CERISIÈRE
MAMESTRA DYSODEA, Schiff.

Schiff. W. V. p. 72. — Hubn. Noct. f. 47. —Borkh. Schm. Eur. IV. p. 264. — Esp. pl. 153, f. 6, 7. — Treits. V, 2, p. 16. — Dup. VI, pl. 90, f. 2. — Sepp, Ned. Ins. V, pl. 23. — Ann. Soc. ent. B. I, p. 92.—Spey. Geogr. Verb. II, p. 148 —Staud. Cat. p. 92, n° 1291. Noctua dysodea, Sch. — N. flavicincta minor, Esp. — N. chrysozona, Bkh. — Polia dysodea, Treits. — Mamestra dysodea, Led. — M. chrysozona, Stg. — *Var.*: Innocens, Stgr.

Cette espèce habite, à partir du sud de la Suède, l'Europe centrale et méridionale, ainsi que le nord de l'Asie mineure et la Syrie; elle est assez commune en Belgique.

La chenille vit souvent dans les jardins, en mai et en juin, où on la trouve sur les ancolies, les laitues, le persil, l'armoise, etc. Elle se métamorphose dans la terre à l'intérieur d'une coque, et l'insecte parfait vole en juillet et en août.

MAMESTRE JOCONDE
MAMESTRA SERENA, Schiff.

Schiff. W. V. p. 84. — Esp. pl. 166, f. 4. — Hubn. f. 54. — Treits. V, 2, p. 12. — Dup. VI, pl. 98, f. 3. — Sepp. VIII, pl. 4. — Frey. Beitr., pl. 87. — Led. Noct. p. 91. — Ann. Soc. ent. B. I, p. 92. — Spey. Geogr. verb. II, p. 147. — Staud. Cat. p. 92, n° 1293. Noctua serena, Schiff. — Polia serena, Treits. — Mamestra bicolorata, Led. — M. serena, Stg. — *Var.*: Leuconota, Ev. (Oural). — Obscura, Stg. (Alpes). — Corsica, Rbr. (Corse, Sicile, Espagne).

Cette noctuelle habite l'Europe centrale et méridionale, l'Asie mineure, la Syrie et l'Arménie; elle est rare en Belgique.

On trouve la chenille en mai et en juin sur les épervières *(Hieracium)*, les eupatoires *(Eupatorium)*, etc. Elle se métamorphose dans la terre; l'insecte vole à la fin de juillet et en août près des troncs d'arbres et des tas de pierres.

1. Dianthoécie arrosée. 2. D. arrangée.

DIANTHOECIE ARROSÉE
DIANTHOECIA CONSPERSA, Schiff.

Schiff. S. V. p. 71. — Esp. pl. 119, f. 5. — Fab. Ent. S. III, 1. p. 483. — Hubn. f. 52. — Treits. V, 1, p. 387. — Dup. VI, pl. 95, f. 1. — Boisd. Ind, p. 124. — Ann. Soc. ent. B. I, p. 91. — Spey. Geogr. verb. II, p. 143. — Staud. Cat. p. 93, n° 1311.
Noctua conspersa, Sch. — Phalæna nana, Hufn. — Bombyx annulata, Fab. — Miselia conspersa, Treits. — Dianthoecia conspersa, Boisd. — D. nana, Spey.

Cette espèce est plus ou moins répandue en Europe, entre le 60° et le 58°, depuis l'Angleterre jusqu'aux monts Ourals ; elle est rare en Belgique.

La chenille vit en juin et juillet sur les lychnides, particulièrement sur le *Lychnis flos-cuculi*, dont elle ronge la semence. La chrysalidation a lieu à terre dans un léger cocon formé de matières terreuses ; l'insecte parfait vole en mai de l'année suivante.

DIANTHOECIE ARRANGÉE
DIANTHOECIA COMPTA, Schiff.

Sch. S. V. 70. — Esp. pl. 119, f. 6. — Dup. VI, pl. 95, f. 2. — Treits. V, 1, p. 389. — Frey. N. Beitr. pl. 556. — Gn. II, 26. — Boisd. Ind. p. 125. — Ann. Soc. ent. B. I, p. 91. — Spey. Geogr. Verb. II, p. 143. — Staud. Cat. p. 93, n° 1314.
Noctua compta, Sch. — N. comta, Esp. — N. transversalis, Vil. — Miselia comta, Treits. — Dianthoecia comta, Boisd. — *Var.* : Viscariæ, Gn.

Cette noctuelle est plus ou moins commune dans toute l'Europe jusqu'au 57°, mais elle n'existe pas en Grande Bretagne ; elle est assez commune en Belgique. On l'observe également dans la partie Nord-ouest de l'Asie Mineure, en Syrie et dans l'Altaï.

La chenille se nourrit des semences de caryophyllées et on la trouve souvent dans les jardins ornés d'œillets depuis le mois de juillet jusqu'en automne. La chrysalidation a lieu dans la terre et l'insecte vole en juin de l'été suivant.

1. Dianthoécie parée
sur le Silene nutans

DIANTHOÉCIE PARÉE

DIANTHOECIA ALBIMACULA, Borkh.

THE BEAUTIFUL CORONET. — WEISSMAKELIGTE EULE

Borkh. Eur. Schm. IV. p. 149. — Esp. Schm. pl. 117a, f. 7. — Hubn. Noct. f. 51.—Treits. Schm. Eur. V, 1, p. 391. — Dup. VI, pl. 95, f. 3. — Frey. N. Beitr. pl. 591.—Boisd. Ind. p. 124. — Ann. Soc. Ent. B. I, p. 91. — Spey. Geogr. Verb. II, p. 142. — Staud. Cat. p. 93, n° 1313.

Noctua albimacula, Bkh. — N. compta, Esp. — N. concinna, Hb. — Miselia albimacula, Treits. — Dianthoecia albimacula, Boisd.

Cette espèce est disséminée en Europe, mais elle n'est commune nulle part; elle n'existe ni en Espagne, ni en Italie, ni au Nord des Balkans, mais on l'observe depuis l'Angleterre jusqu'aux monts Altaï; la Suède forme sa limite septentrionale, et au Sud elle ne dépasse guère le Nord de la Perse et le Nord-est de l'Asie Mineure. Elle est très rare en Belgique.

On trouve la chenille en juillet et août sur les silènes et surtout sur le *Silene nutans*, dont elle mange la semence. Les métamorphoses ont lieu dans la terre entre des débris végétaux. La chrysalide se dessèche facilement et il est difficile d'en obtenir l'insecte parfait. Celui-ci apparaît en avril ou en mai de l'année suivante.

Dianthoecie des capsules
sur le Lychnide dioïque.

DIANTHOECIE DES CAPSULES.

DIANTHOECIA CAPSINICOLA, Hübn.

THE LYCHNIS. — CAPSEL EULE.

Treitsch. t. V, 1, p. 308. — Frey. Beitr., t. I, p. 122. — Spey. Geogr. verb. t. II, p. 144. — Esp. t. IV, pl. CLXXIII. — Phalæna bicruris, Götz. — P. capsinicola, Lin. — Noctua capsinicola, Schiff. — N. rivularis, Fab., var. — Hadena capsinicola, Treit. — Dianthoecia bicruris, Hubn.

Cette espèce habite la Sibérie et la majeure partie de l'Europe. Elle est plus ou moins répandue en Russie, en Livonie, en Suède, en Allemagne, en Hollande, en Belgique, en France, en Grande-Bretagne, en Italie et en Espagne; elle est assez rare dans certaines localités.

La chenille vit sur les lychnides (*Lychnis diurna, dioïca* et *vespertina*) et sur le cucubale à baies (*Cucubalus baccifer*). Chez nous elle vit généralement, en août et septembre, aux dépens des fruits capsulaires du *Lychnis dioïca*, plante assez commune en Belgique. Elle ronge un trou arrondi dans la capsule pour s'y introduire, et y séjourne jusqu'à ce qu'elle en ait entièrement consommé le contenu; alors elle en sort, pendant la nuit, pour envahir un autre fruit. Quand cette chenille a atteint le terme de sa croissance, elle va se chrysalider dans le sol, à l'intérieur d'un tissu terreux de forme ovale. L'insecte parfait ne se montre que l'année suivante, durant les mois de mai et de juin; on le voit, à cette époque, voltiger vers le soir sur les fleurs et particulièrement sur celles du genre *Phlox*.

Les œufs sont pondus à l'intérieur des fleurs des plantes nourricières de la chenille. Celle-ci n'est pas très-rare, et lorsqu'on a découvert sa trace, on peut être certain d'en trouver un assez grand nombre.

1. Dianthoécie du cucubale. 2. D. carpophage.
sur le Cucubale.

DIANTHOÉCIE DU CUCUBALE

DIANTHOECIA CUCUBALI, Schiff.

Schiff. S. V. p. 84. — Esp. pl. 173, f. 6. — Hubn. f. 56. — Thnb. Diss. Ent. I, p. 3, f. 3. — Treits. V, 1, p. 311. — Sepp, Ned. Ins. IV, pl. 32. — Dup. VI, pl. 93, f. 5. — Frey. N. Beitr. pl. 87. — Ann. Soc. ent. B. I, p. 92. — Spey. Geogr. verb. II, p. 144 — Staud. Cat. p. 94, n° 1316.
Noctua cucubali, Schiff. — N. triangularis, Thnb. — Hadena cucubali, Treits. — Dianthoecia cucubali, Boisd.

Habite l'Europe et la Sibérie depuis l'Angleterre jusqu'aux monts Altaï et depuis le cercle polaire jusqu'en Toscane. Elle est assez commune en Belgique.

On trouve la chenille en été et en automne sur le cucubale *(Cucubalus baccifer)*, les lychnides *(Lychnis dioica et chalcedonica)*, le silène enflé *(Silene inflata)*, etc.

L'insecte parfait vole en juin, août et septembre.

DIANTHOÉCIE CARPOPHAGE

DIANTHOECIA PERPLEXA, Schiff.

Schiff. S. V. p. 313. — Borkh. IV, p. 422. — Hb. f 89. — Treits. V, 1, p. 306. — Dup. VI, pl. 92, f. 1. — Frey. Beitr., pl. 86. — Haw. Lep. Br. p. 199. — Spey. Geogr. Verb. II, p. 143. — Ann. Soc. ent. B. XIV, p. 17. — Staud. Cat. p. 94, n° 1317.
Noctua perplexa, Sch. (1776). — N. carpophaga, Bkh. (1792). — Hadena perplexa, Treits. — Dianthoecia carpophaga, Boisd. — Dianthecia perplexa, Step. — *Var.* : Ochracea, Haw.

Cette noctuelle habite l'Europe et l'Asie, entre le 60° et le 40°, depuis l'Angleterre jusqu'aux monts Altaï ; elle est plus ou moins rare dans certaines localités et n'a pas encore été observée en Hollande. Elle a été trouvée pour la première fois en Belgique, il y a une trentaine d'années, par feu M. Krickx ; plus récemment elle a été prise dans les environs de Huy par feu M. Ch. de Francquen.

La chenille vit en automne sur le cucubale et sur différents lychnides. L'insecte parfait vole en mai et en juin.

Aporopyle lunéburgenne

APOROPHYLE LUNÉBURGENNE

APOROPHYLA LUTULENTA, Schiff.

BLASSGESTRICHTE — EULE.

Schiff. Syst. Verz., p. 81. — Bkh. Eur. Schm. IV, p. 576. — Hb. Noct. f. 159. — Treits. Schm. Eur. V, 1, p 187. — God. Lep. de Fr. V, pl. 71, f. 1, 2. — Steph. List Br. Lep. p. 63. — Sepp, Ned. ins. VII, pl. 18. — Frey. N. Beitr. pl. 501, f. 3 et pl. 526, f. 2. — Spey. Geogr. Verb II, p. 133. — Ann. Soc. ent. B. VI, p. 161, pl. II, f. 2. — Staud. Cat. p. 95, n° 1341.

Noctua lutulenta, Sch. — N. fusca, Haw. — N. tripuncta, Frey. — Agrotis lutulenta, Treits. — Charæas lutulenta, fusca et consimilis, Steph. — Aporophyla lutulenta, Guen. — Hadena lutulenta, Boisd. — *Var.* : Sedi, Gn. — Luneburgensis, Frey.

L'espèce type habite l'Allemagne, la Hollande, l'Angleterre, la France, la Suisse, le nord de l'Italie, la Hongrie et la Dalmatie. La var. *Sedi* se rencontre dans le midi de la France et en Castille. La var. *Luneburgensis* a été observée dans les parties septentrionales et occidentales de l'Allemagne ainsi qu'en Belgique.

Cette espèce n'est donc représentée en Belgique que par sa var. *Luneburgensis,* découverte par M. Fologne dans les bruyères de Calmpthout, où elle paraît être assez commune.

La chenille vit en mai et en juin sur les bruyères, les myosotis, les stellaires, etc.; elle se métamorphose à terre à l'intérieur d'un cocon formé en partie de matières terreuses. L'insecte parfait vole en septembre et en octobre.

Notre planche représente les deux sexes de la var. *Luneburgensis* d'après des individus pris à Calmpthout; nous avons reproduit la chenille figurée par M. Fologne.

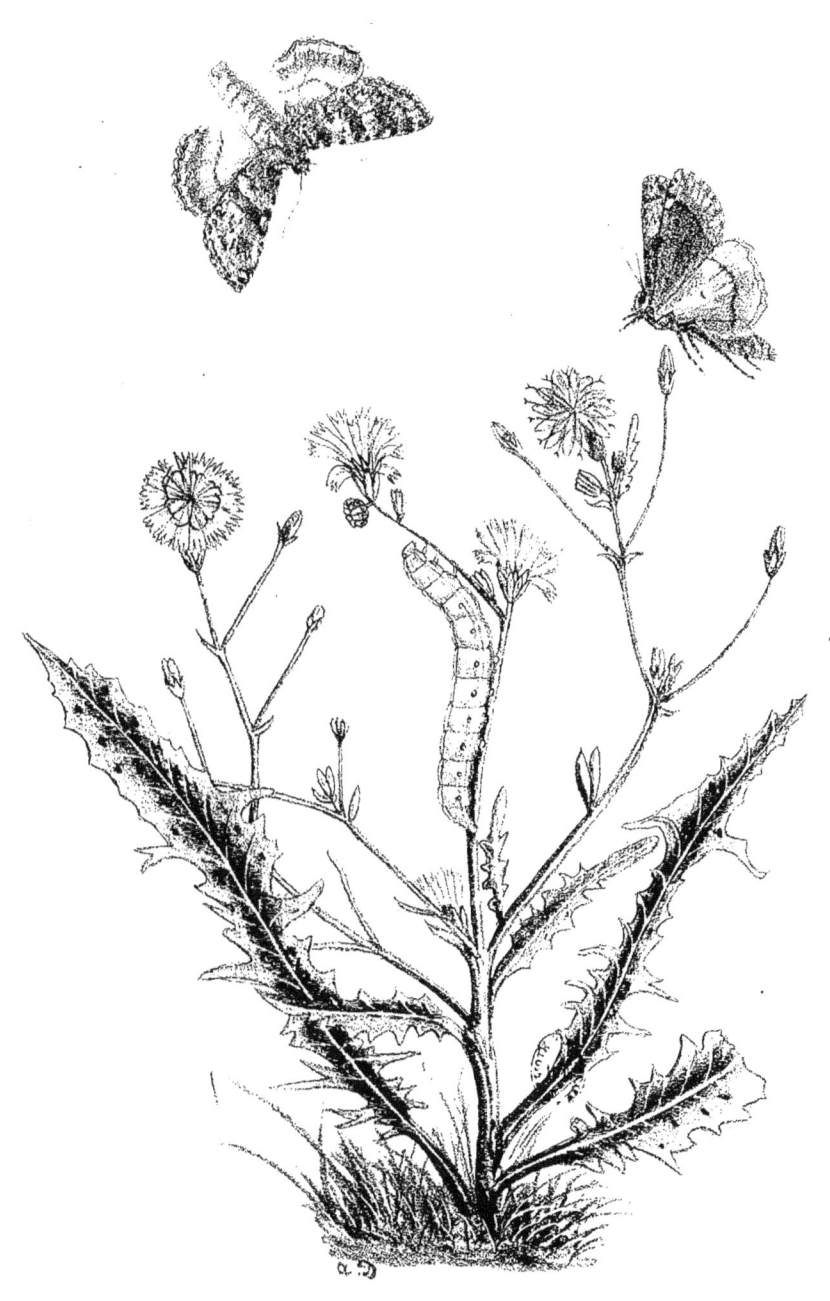

Glouterone bigarrée

GLOUTERONE BIGARRÉE

POLIA FLAVICINCTA, Schiff.

THE LARGE RANUNCULUS. — KIRSCHEN-EULE.

Schiff. W. V. 72 — Fab. Mant. Ins., 178. — Hubn. Noct., f. 46.— Esp. Schm., pl. 153, f. 1 et 4. — Treits. Schm. Eur. V, 2, p. 27. — Boisd. Ind. 127. — De Vil. Ent. Lin. II, 280. — Schw. Raup. Kal. 126. — Ann. Soc. ent. B. I, 93, XV, cxvi. — Spey. Geogr. verb. II, 139. — Staud. Cat. 96, n° 1351.

Noctua flavicincta, Schiff.—N. flavicincta major et N. dysodea, Esp.—N. discolor, De Vil.— N. undulata, Schw. — Polia flavicincta, Treits.—*Var.* : Meridionalis et Calvescens, Boisd.

Cette espèce est répandue, à partir du 59ᵉ degré, dans toute l'Europe centrale et méridionale, depuis les iles Britanniques jusqu'à la longitude de Moskou. La var. *Méridionalis* se rencontre dans l'Europe occidentale et méridionale, ainsi qu'en Sardaigne et en Corse ; la var. *Calvescens* habite la Sicile. La glouterone bigarrée est peu répandue en Belgique.

La chenille hiverne ; on la retrouve en mai et en juin sur les saules, l'armoise *(Artemisia vulgaris)*, les groseilliers, les laitues *(Lactuca virosa* et *sativa)*, les patiences *(Rumex)*, les seneçons *(Senecio)*, la chicorée sauvage *(Chicorium intybus)*, etc. Le Dʳ Breyer a trouvé un exemplaire de cette chenille à Hastière. La chrysalidation a lieu dans la terre à l'intérieur d'un léger tissu.

La noctuelle prend son essor en août ; on la rencontre jusque vers la fin de septembre. Pendant le jour elle se tient habituellement contre le tronc des arbres.

Glouterone chi

GLOUTERONE CHI

POLIA CHI, Lin

THE JULY CHI. — AGLEY-EULE.

Lin. S. N. X, 514 ; F. S., 314. — Esp. Schm., IV, pl. 114, f. 1-3. — Hubn. Noct. pl. 10. f. 49. — Treits., Schm. Eur., V, 2, p. 9. — Dup. Pap. de Fr. VI, pl. 99, f. 4. — Step. II. III, 325. — Ann. soc. ent. B. I, 92. — Spey. Geogr. Verb. II, 141. — Staud. Cat. 97, n° 1360.

Phalæna N. chi, Lin. — Noctua chi, Hb. — Polia chi, Treits. — *Var.*: Olivacea, Step.

La glouterone chi habite presque toute l'Europe: on la rencontre depuis le sud de la Scandinavie jusqu'en Toscane (du 59e au 44e degré), et depuis les îles Britanniques jusqu'aux monts Altaï. Elle est rare en Belgique, où on l'observe parfois dans les environs de Bruxelles, de Liége, de Spa, etc. La var. *Olivacea* est répandue en Ecosse.

On trouve la chenille à la fin de mai et en juin, et une seconde fois en août et en septembre, sur l'ancolie *(aquilegia vulgaris)*, le sureau *(Sambucus niger)*, la laitue *(Lactuca sativa)*, les laitrons *(Sonchus oleraceus et arvensis)*, la bardane *(Lappa major)*, etc.

Les métamorphoses ont lieu à terre, sous des feuilles, et à l'intérieur d'un léger tissu blanc.

L'insecte parfait vole en juillet, mais les chrysalides de la seconde génération hivernent pour éclore en mai.

1. Dryobate protée _ 2. Dichonie runique

DRYOBATE PROTÉE
DRYOBATA PROTEA, Schiff.

Schiff. S. V. p. 84. — Esp. pl. 150, f. 6. — Hubn. f. 406. — Treits. V, 1, p. 362. — Dup. VI, pl. 89, f. 2. 3. — Sepp. VII. pl. 29. — Boisd. Ind, p. 121. — Ann. Soc. ent. B. I, p. 89. — Spey. Geogr. verb. II. p. 137 — Led. Noct. pp 33. 100. — Staud. Cat. p. 97, n° 1366.
Noctua protea, Sch. — N. nebulosa, Walch. — Hadena protea, Treits. — H. seladonia, Step. — Dryobata protea, Led.

Habite toute l'Europe jusqu'au 57°; à l'Est il ne paraît pas dépasser la longitude de Moscou. Il est rare en Belgique.

Les œufs hivernent. Les chenilles naissent en avril et on les trouve alors sur le chêne jusqu'à la fin de juin. Les métamorphoses ont lieu dans la terre et la noctuelle se montre en septembre ; on la trouve généralement au repos sur les troncs d'arbres.

DICHONIE RUNIQUE
DICHONIA APRILINA, Lin.

Lin. S. N. X. p. 514; F. S. p. 313. — Schiff. S. V. p. 70. — Esp. Schm. pl. 118, f. 1-3. — Hb. f. 71, 721-22. — Treits. V, 1, p. 411. — Sepp, Ned. Ins. I, 4, pl. 9. — Dup. VI, pl. 95, f. 5 — Boisd. Ind. p. 123. — Ann. Soc. Ent. B. I, p. 91. — Spey. Geogr. Verb. II, p. 136. — Led. Noct pp. 33,101. — Staud. Cat. p. 98, n° 1369
Phalæna aprilina, Lin. — Noctua aprilina, Esp. — N. runica, Sch. — Miselia aprilina, Treits. — Agriopis aprilina, Boisd. — Dichonia aprilina, Led.

Cette espèce est répandue dans toute l'Europe jusqu'au 60°, mais elle est rare dans certaines contrées, surtout dans le nord ; elle est également rare en Belgique.

La chenille vit sur le chêne ; on la trouve en mai entre les crevasses des écorces où elle se tient cachée durant le jour. La chrysalidation a lieu dans la terre, soit à la fin de mai, soit dans les premiers jours de juin. L'insecte parfait vole en août et septembre.

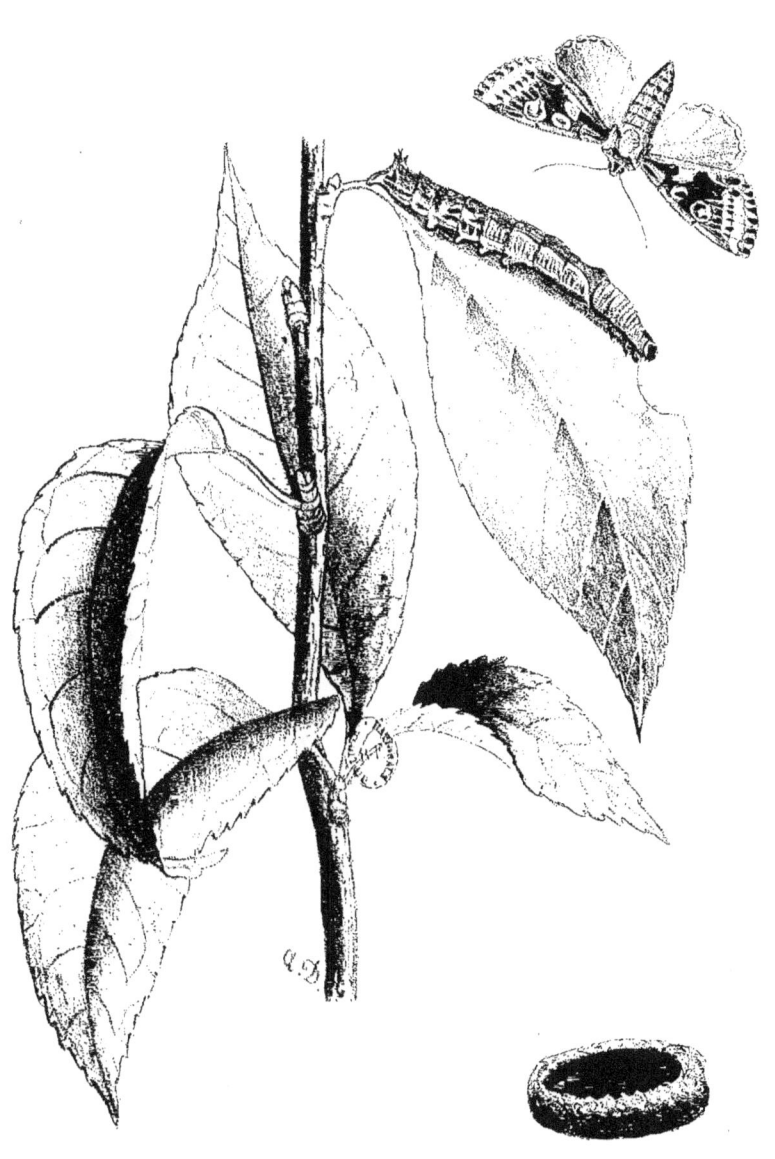

Misélie aubépinière.

MISÉLIE AUBÉPINIÈRE

MISELIA OXYACANTHÆ, Lin.

THE EALING'S GLORY. — WEISSDORNEULE.

Lin. S. N. x, p. 516; F. S. p. 319. — Esp. Schm. pl. 160, f. 1-7.— Hubn. Noct. pl. 7, f. 31. —Treits. Schm Eur. V, 1, p. 405. – Dup. Lep. de Fr. VI, pl. 96, f. 1. — Mill. Ic. III, pl. 116, f 6, p. 165. — Ann. Soc. ent. B. I, p 90. — Spey. Geogr. verb. II, p. 135. — Staud. Cat. p. 98, n° 1372.

Phalæna oxyacanthæ, Lin. — Noctua oxyacanthæ, Hb. — Miselia oxyacanthæ, Treits — *Var.* : Capucina, Mill.

La misélie aubépinière est généralement répandue en Europe, aussi bien dans les plaines que dans les régions montagneuses ; on la rencontre, entre le 42° et le 59°, depuis l'Angleterre jusqu'au Volga, mais elle est rare dans certaines localités et assez rare en Belgique. On l'observe également en Corse et en Arménie.

La chenille vit en mai sur l'aubépine *(Cratægus oxyacantha)*, le prunellier *(Prunus spinosus)* et sur les arbres fruitiers. Pendant le jour, elle se repose dans les crevasses des écorces qu'elle ne quitte qu'à la nuit tombante pour aller manger.

Les métamorphoses ont lieu à l'intérieur d'un cocon parcheminé, qui est caché soit entre des feuilles ou dans la mousse, soit dans la terre.

La noctuelle vole à la fin du mois d'août et en septembre.

Apamée avare.

APAMÉE AVARE

APAMEA TESTACEA, Schiff.

SANDFARBENE KLEINMAKELIGE EULE

Schiff. Wien. Verz. p. 81. — Hubn. Noct. pl. 29, f. 139.—Treits. Schm. Eur. V, 2, p. 107. — Dup. VI, pl. 81, f. 4. — Dbld. Ann. 1864, p. 123 — Ann. Soc. ent. B. I, p. 85. — Spey. Geogr. Verb. II, p. 132. — Staud. Cat. p. 98, n° 1376.

Noctua testacea, Schiff. — Apamea testacea, Treits. — Luperina testacea, Boisd. — *Var.* : Gueneei, Dbld.

Cette noctuelle est plus ou moins répandue en Europe, entre le 56° et le 42°, depuis l'Angleterre jusque dans les steppes du sud de la Russie; la Savoie, le Piémont et la Ligurie paraissent être ses limites méridionales. Elle est très commune en Belgique. La var. *Gueneei* se rencontre dans les parties méridionales et occidentales de l'Angleterre et dans le midi de la France.

On trouve la chenille en automne et au printemps sur diverses graminées; pendant le jour elle se tient cachée entre les racines et ne sort pour manger les chaumes qu'après le coucher du soleil.

Les métamorphoses ont lieu à nu dans la terre et l'insecte parfait vole en août et en septembre.

1. Lupérine cythère, 2. L. verdoyante.

LUPÉRINE CYTHÈRE

LUPERINA MATURA, Hufn.

Hufn. Berl. Mag. III, p. 414. — Esp. IV, pl. 108, f. 5, 6. — Fab. Syst. ent. p. 57. — Hb. f. 109 et 548. — God. V, pl. 57, f. 4. — Treits. V, II, p. 62. — Frey. N. Beitr., pl. 257. — Ann. Soc. ent. B. I, p. 79. — Led. Noct. p. 105. — Spey. Geogr. verb. II, p. 135. — Staud. Cat. p. 99, n° 1381.
Phalæna matura, Hufn. (1767).—Noctua texta, Esp. (1787).— N cythera, Fab. (1794). N. connexa, Hb.— Polia texta, Treits.— Cerigo cythera, Step. — Luperina texta, Led. — L. matura, Stg.

Cette espèce est plus ou moins répandue dans l'Europe centrale entre le 45° et le 56°. Elle est très-rare en Belgique et en Angleterre.

La chenille vit en automne sur des graminées. Elle hiverne entre les racines des plantes nourricières et se chrysalide au printemps dans la terre. L'insecte parfait vole en juillet et en août et se repose, durant le jour, contre les troncs d'arbres ou contre les murs.

LUPÉRINE VERDOYANTE

LUPERINA VIRENS, Lin.

Lin. S. N. xii, p. 847.—Esp. pl. 122, f. 1. — Hb. f. 235. — Treits.V, 2, p. 276. — Dup. VII, pl. 104, f. 6. — Ann. Soc. ent. B. I, p. 86; XV, p. 114. — Spey. Geogr. verb. II, p. 132. — Staud. Cat. p. 99, n° 1383.
Phalæna virens, Lin. —Noctua virens, Hb. — Caradrina virens, Treits. — Luperina virens, Led.

On rencontre cette lupérine dans l'Europe centrale et en Sibérie jusqu'à l'Altaï ; elle est plus ou moins répandue entre le 45° et le 60°, mais n'a pas été observée en Angleterre. Elle est très-rare en Belgique, où elle a été prise en Campine et à la montagne St-Pierre près de la Gileppe.

Chenille en mai et en juin sur le plantain et autres plantes herbacées. L'insecte vole à la fin de juillet et en août.

HADÈNE PORPHYRE

HADENA SATURA, Schiff.

THE BEAUTIFUL ARCHES. — PURPURSCHWAERZLICHE EULE.

Schiff. W. V. p. 83 — Esp. Schm. pl. 145, f. 5. — Hubn. Noct. f. 75. — Treits. Schm. Eur. V, 1, p. 333 — Dup. VI, pl. 92 f 5. — Frey. N. Beitr. pl. 244. — Spey. Geogr. Verb. II, p. 156.—Ann. Soc. ent. B. XIV. p 2; XVI, p. 81.- Staud. Cat. p 99. n° 1393. Noctua satura, Sch. — N. porphyrea, Esp. — Hadena satura, Treits. — H. porphyrea, Stgr.

Cette noctuelle est répandue dans une grande partie de l'Europe, mais elle est rare presque partout. Elle a été observée en Angleterre, en Scandinavie, en Livonie, en Russie, dans diverses parties de l'Allemagne, en Suisse, en Italie, en Savoie, dans quelques parties de la France ainsi que dans l'Oural et l'Altaï. M. A. Dufour a découvert cette noctuelle dans le produit d'une chasse à la miellée qu'il a faite à Rochefort dans les premiers jours de septembre 1870; en juillet 1873, le même entomologiste l'a capturée à la Baraque-Michel; le Dr Breyer l'a prise une fois en Campine. Voilà donc trois captures certaines faites en Belgique de cette rare espèce.

On trouve la chenille dans les parties ombragées des bois sur les chèvrefeuilles *(Lonicera)* et sur le nerprun *(Rhamnus frangula)* pendant les mois de mai et de juin. La chrysalidation a lieu dans la terre vers la fin de juin. L'insecte parfait vole depuis le mois de juillet jusqu'au commencement de septembre.

La chenille et la chrysalide de la planche ci-contre sont faites d'après Freyer.

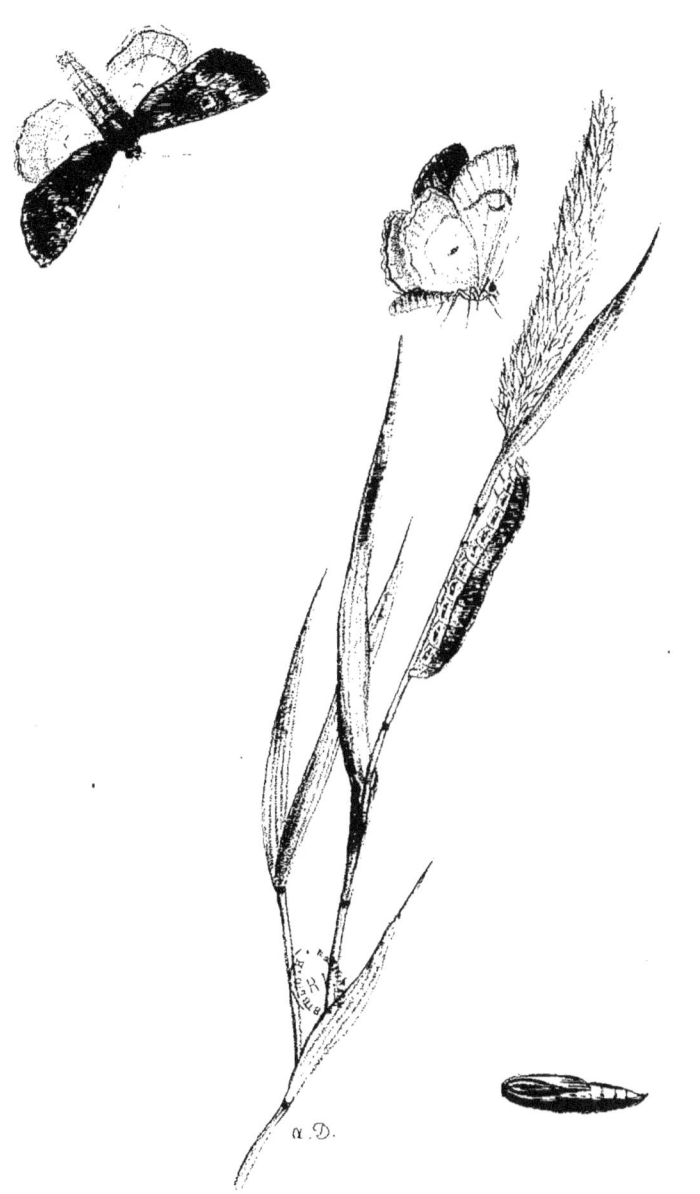

Hadène indifférente

HADÈNE INDIFFÉRENTE

HADENA ADUSTA, Esp.

THE DARK BROCADE

Esp. Schm. IV, pl. 149, f. 1, 2. — Hubn., Noct. pl. 133, f. 606-8. — Treits. Schm. Eur. V, 1, p. 339. — Dup. Lep. de Fr. III, pl. 12, f. 4; VI, pl. 92, f. 6.—Frey. Beitr. pl. 63, f. 1, 2; pl. 509, f. 4; pl. 561. — Boisd. Ind. p. 120. — Her. Stett. ent. z. 1846, p. 287.— Ann. Soc. ent. B. I, 89.—Spey. Geogr. verb. II, 157. — Staud. Cat., 104, n° 1397.

Noctua adusta, Esp.—N. valida, Hb. — N. duplexina et N. duplex, Haw.—N. vultarina, Frey.—Hadena adusta, Treits.—*Var.* : Pavida, Boisd.⇌Chardinyi, Dup. — Baltica, Herm.⇌Vulturina, Hs. — *Ab.:* Satura, Step.

Cette hadène est plus ou moins répandue dans toutes les contrées de l'Europe situées entre le 60° et le 44° degré, depuis l'Angleterre jusqu'aux monts Altaï. Elle est assez rare en Belgique. La var. *Pavida* se rencontre principalement dans la Russie méridionale; la var. *Baltica* a été observée en Allemagne et en Livonie.

On trouve la chenille, à partir du mois d'août jusqu'aux premiers froids, sur diverses graminées et autres plantes herbacées ; il paraît qu'elle se nourrit également de feuilles de chêne (1). Cette chenille a atteint toute sa taille à l'approche de l'hiver. Elle hiverne sous de la mousse ou sous des feuilles mortes, pour n'opérer ses métamorphoses qu'au printemps; mais il est fort rare de la retrouver à cette saison, parce qu'elle se chrysalide dès son réveil.

L'insecte parfait vole en juin et en juillet. Il est, en général, peu répandu, mais on le rencontre jusque dans la région subalpine.

---

(1) *Ann. de la Soc. ent. de Belg.*, I, p. 89.

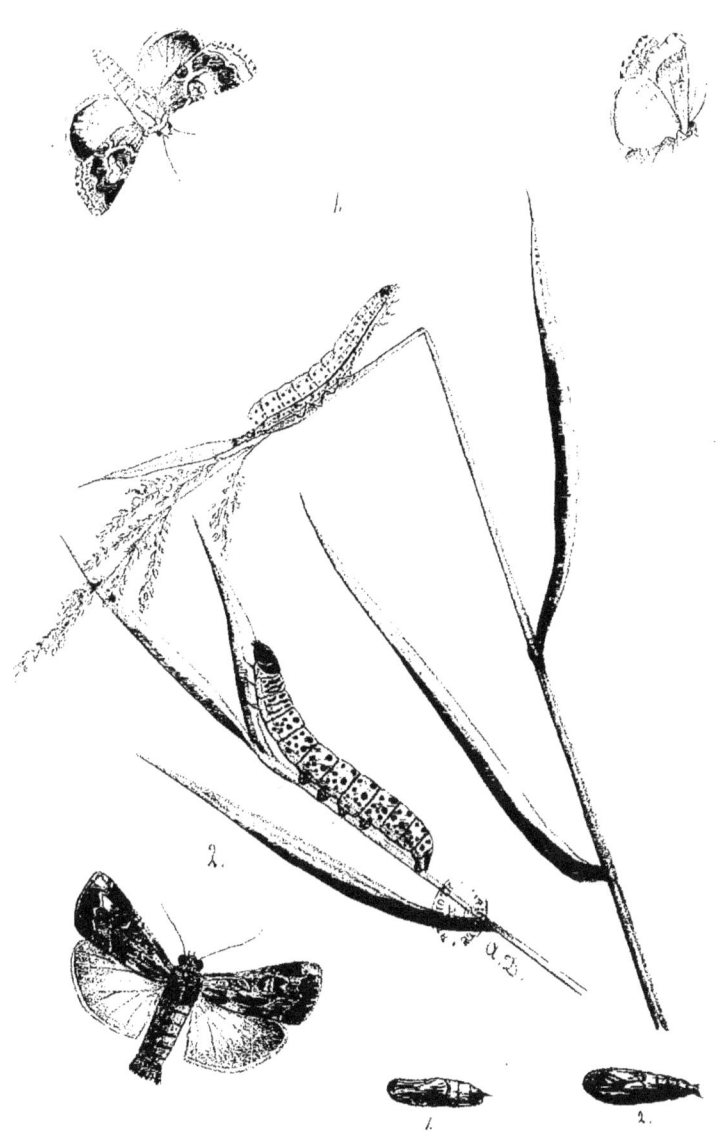

1. Hadène ochroleuque, 2. H. ténébreuse.

HADÈNE OCHROLEUQUE
HADENA OCHROLEUCA, Schiff.

Schiff. W. V p. 87. — Esp. pl. 126, f. 1-4. — Hb. f. 92. — Treits. V, 2, p. 345. — Dup. VI, pl. 92, f 3 — Frey. N. Beitr. pl. 657. — Wernb. Btr. 1, pl. 248. — Boisd. Ind. p. 125. Ann. Soc. ent. B. I, p. 92. — Led. Noct. p. 34. — Spey. Geogr verb. II, p. 175. — Staud. Cat. p. 100, n° 1400.

Noctua ochroleuca, Sch. — N. flammea, Hb. — Xanthia ochroleuca, Treits — Ilarus ochroleuca, Boisd. — Eremobja ochroleuca, Step.— Hadena ochroleuca, Led.

Cette noctuelle habite l'Europe centrale et méridionale entre le 57° et le 37° depuis l'Angleterre jusqu'au Volga, ainsi que l'Asie Mineure. En Belgique elle est commune en Campine, plus ou moins rare dans les autres parties du pays.

On trouve la chenille en mai et en juin sur diverses graminées; elle se métamorphose dans la terre à la fin de juin.

L'insecte parfait vole à la fin de juillet et en août.

HADÈNE TÉNÉBREUSE
HADENA FURVA, Schiff.

Schiff. Wien. Verz. p. 81. — Hb. f. 407. — Treits. V, 2, p. 154. — Dup. VI, pl. 25, f. 5. — Frey. N. Beitr. pl. 159. — Ev. Bull. M. 1842, III, p. 547. — Spey. Geogr. Verb. II, p. 159. — Led. Noct p. 34. — Ann. Soc. ent. B. XIV, p. 2. — Staud. Cat. p. 101, n° 1416.

Noctua furva, Schiff. — N. freyeri, Frey. — N. infernalis, Ev. — Mamestra furva, Treits. — Hama furva, Step. — Hadena furva, Led.

Cette espèce est répandue en Europe et en Sibérie depuis l'Angleterre et l'Ecosse jusqu'aux monts Altaï; on la rencontre presque partout entre le 43° et le 56°, mais particulièrement dans les montagnes. Jusque dans ces derniers temps, cette noctuelle était inconnue en Belgique, mais le Dr Breyer en 1868 et M. A. Dufour en 1870 l'on prise aux environs de Dinant.

La chenille vit de mars en juin sur des graminées, mais se tient cachée près du sol durant le jour. La noctuelle vole depuis juin jusqu'au commencement de septembre.

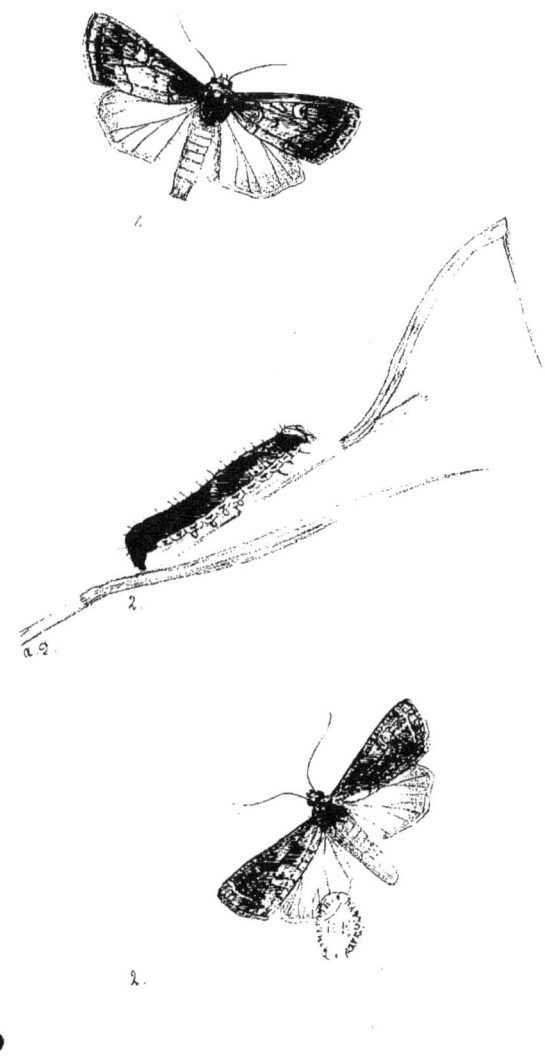

1. Hadène noirâtre, 2. H. latérice.

HADÈNE NOIRATRE
HADENA ABJECTA, Hubn.

Hubn pl. 116, f. 539. — View. Tab. Verz. p. 66, — Frey. N. Beitr. pl. 311, f. 1. — Boisd. Ic. pl. 84, f. 4. — Gn I, 194. — Led. Noct. p. 34. — Ann. Soc. ent. B. IV, p. 116. — Spey. Geogr. verb. II, p. 160. — Staud. Cat. p. 101, n° 1417. Noctua abjecta, Hb. — N. nigricans, View. — Mamestra nigricans, Treits. — Luperina abjecta, Boisd. — Hadena abjecta, Led.

Cette noctuelle habite, entre le 62° et le 40°, toute l'Europe et la Sibérie, depuis l'Angleterre jusqu'aux frontières orientales de l'Asie, ainsi que l'Asie Mineure ; mais on ne la trouve qu'isolément et elle manque dans beaucoup de localités. M. L. Becker l'a prise pour la première fois en Belgique dans la forêt de Soignes.

La chenille vit en mai et en juin près des racines de graminées ; les métamorphoses ont lieu dans la terre.

L'insecte parfait vole en juillet.

HADÈNE LATÉRICE
HADENA LATERITIA, Hufn.

Hufn. Berl. Mag. III, p. 305. — — Esp. pl. 131, f. 3, 4. — Hb. pl. 15, f. 74. — Treits. V, 3, p. 45. — Dup. VII, pl. 113. f. 5. — Frey. N. Beitr. pl. 63 — Ann. Soc. ent. B. I, p. 86. Led. Noct. p. 34. — Spey. Geogr. verb. II, p. 160. — Staud. Cat. p. 101, n° 1418. Phalæna lateritia, Hufn. — Noctua lateritia, Esp. — N. molochina, Hb. — Xylina lateritia, Treits. — Luperina lateritia, Boisd. — Hadena lateritia, Led.

Cette espèce est plus répandue dans le nord que vers ses limites méridionales, où on ne l'observe pour ainsi dire que dans les montagnes ; on la rencontre depuis la latitude de St-Pétersbourg jusqu'en Ligurie, et depuis les frontières occidentales de l'Europe jusque dans le pays de l'Amour. Elle n'existe pas en Angleterre, mais elle est assez commune en Belgique, surtout aux environs de Bruxelles, de Liége, de Namur, etc.

On trouve la chenille en avril et en mai sur des graminées, mais elle se tient cachée pendant le jour sous des pierres ou dans la mousse.

Les métamorphoses ont lieu dans la terre. L'insecte parfait vole en juillet et août.

1. Hadène monoglyphe, 2. H. doucette.

HADÈNE MONOGLYPHE
HADENA POLYODON, Lin.

Lin. F. S. p. 322.; S. N. I, p. 853 — Hufn. Berl. Mag. III, p. 308. — Schiff. S. V. p. 81.— Hb. Noct. pl. 17, f. 82. — Treits. III, p. 41. — Dup. VII, pl. 111, f. 4. — Sepp, Ned. Ins. V, pl. 17. — Boisd. Ind. p. 115. — Ann. Soc. ent. B. I, p. 86. — Led. Noct. pp. 34,107. — Spey. Geogr verb. II. p. 161. — Staud. Cat. p. 101, n° 1419.

Noctua polyodon, Lin. — N. monoglypha, Hufn. — N. radicea, Sch. — Xylina polyodon, Treits. — Luperina polyodon, Boisd. — Hadena polyodon, Led. — H. monoglypha, Stg.

Cette noctuelle est généralement commune dans toute l'Europe centrale et dans l'Asie occidentale jusqu'aux monts Altaï ; on l'observe entre le 60° et le 37°. En Belgique elle est commune dans beaucoup de localités.

On trouve la chenille, en automne, dans la terre où elle vit aux dépens des racines de graminées ; elle hiverne et se chrysalide en avril, également dans le sol.

L'insecte parfait vole en juin et en juillet.

HADÈNE DOUCETTE
HADENA LITHOXYLEA, Sch.

Sch. S. V. 75. — Esp. pl. 133, f. 2. — Treits. V, 3, p. 47. — Boisd. Ind. p. 115. — Ann. Soc. ent. B. I, p. 86. — Led. Noct. pp. 34, 107. — Spey. Geogr. verb. II, p. 161. — Staud. Cat. p. 101, n° 1420.

Noctua lithoxylea, Sch. — N. musicalis et sublustris, Esp. — Xylina lithoxylea, Treits. — Luperina lithoxylea, Boisd. — Hadena lithoxylea, Led.

L'hadène doucette est plus ou moins répandue en Europe et en Asie depuis l'Angleterre jusqu'aux monts Altaï : on la rencontre entre le 57° et le 40°, mais elle n'existe pas en Scandinavie. Elle est rare en Belgique.

La chenille hiverne ; on la retrouve au printemps sur des graminées, principalement près des racines, où se font également les métamorphoses. La noctuelle vole en juin et en juillet ; on la rencontre généralement dans la soirée sur les coteaux émaillés de fleurs.

Hadène tache rousse,
sur le Brome de Schrader.

HADÈNE TACHE ROUSSE

HADENA SORDIDA, Borkh.

THE BEAUTIFUL BROCADE.

Borkh. Eur. Schm. IV, p. 578. — Hubn. Noct. pl. 102, f. 484. — Treits. Schm. Eur. V, 2, p. 112. — Dup. Cat. p. 127; Lep. de Fr. VIII, pl. 102, f. 2-6. — Haw. Lep. Brit. p. 192. — Boisd. Ind. add. p. 5. — Ann. Soc. ent. B. I, p. 85. — Led. Noct. p. 107. — Spey. Geogr. verb. II, p. 163. — Staud. Cat., p. 101, n° 1423.

Noctua sordida, Borkh. — N. anceps, Hb. — N. contigua, Schiff. — Apamea infesta, Treits. — Hadena contigua, Haw. — H. Renardii et Luperina infesta, Boisd. — H. infesta, Led. — H. sordida, Staud.

Cette espèce est plus ou moins répandue dans l'Europe centrale entre le 56ᵉ et le 45ᵉ degré, c'est-à-dire depuis le sud de la Scandinavie jusqu'au Piémont, et depuis l'Angleterre jusqu'aux monts Ourals. On l'observe également dans le Sud-est de la Turquie et en Arménie. Elle est peu commune en Belgique.

La chenille hiverne. On la retrouve dans toute sa taille en mars et en avril sur des graminées; pendant le jour elle se tient cachée sous des pierres.

Les métamorphoses ont lieu dans la terre à la fin d'avril ; l'insecte parfait éclôt en mai ou en juin.

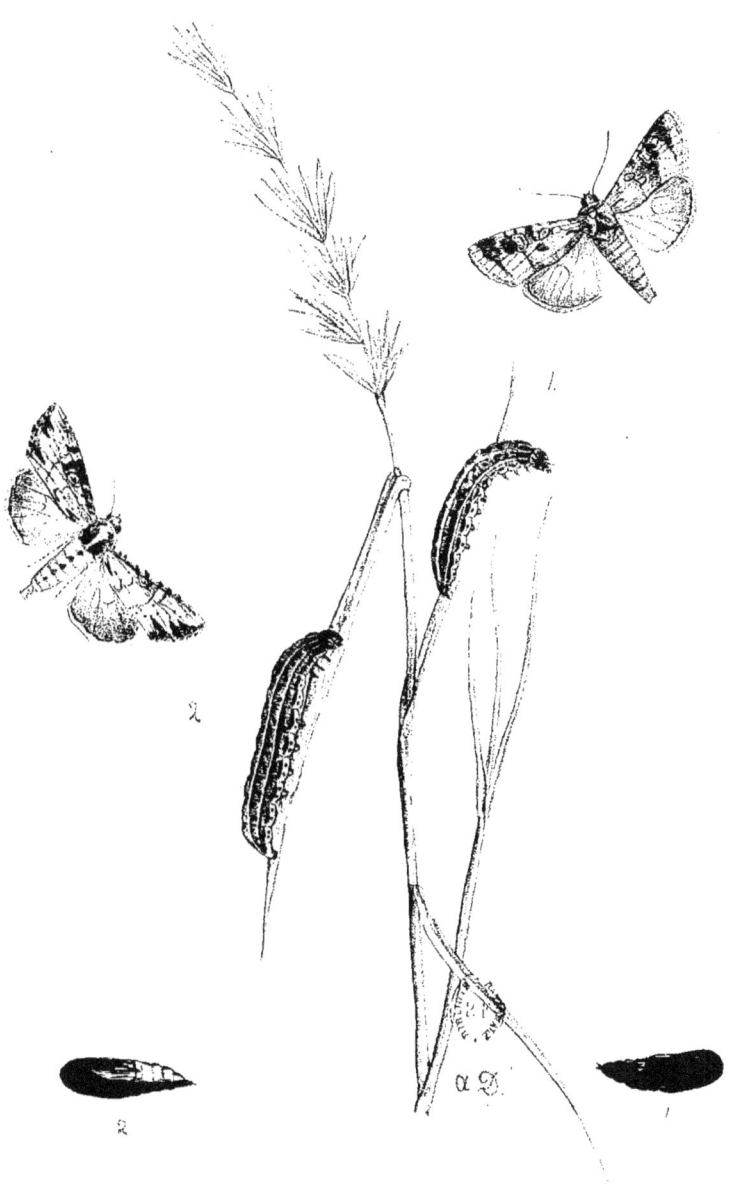

1. Hadène trait-noir. 2. H. bigarrée.

HADÈNE TRAIT NOIR
HADENA BASILINEA, Schiff.

Sch. S. V. p. 78. — Esp. pl. 166. f. 1. — Hb. f. 427. — View. TAB. VERZ. I, p. 6 — Treits. V, 2, p. 110. — Dup. VII, pl. 101. f. 4. — Wernb. BEITR. I, p. 250. — Frey. BEITR. pl. 29. — ANN. SOC. ENT. B. I, p. 86. — Spey. GEOGR. VERB. II, p. 163. — Staud. CAT. p. 101. n° 1425.
NOCTUA BASILINEA, Sch. — N. NEBULOSA, View. — N. SORDENS, Wernb. — APAMEA BASILINEA, Treits. — LUPERINA BASILINEA, Boisd. — HADENA BASILINEA, Led. — HAMA BASILINEA, Step.

Cette noctuelle est généralement répandue en Europe et en Sibérie; on l'observe, entre le 61° et le 45°, depuis l'Angleterre jusqu'aux monts Altaï. Elle est peu commune en Belgique.

On trouve la chenille en septembre et en octobre sur diverses graminées ; elle hiverne et se métamorphose dans la terre en avril. L'insecte vole en mai et en juin.

HADÈNE BIGARRÉE
HADENA RUREA, Fab.

Fab F. S. p. 618. — Esp. pl. 133, f. 4 et 5. — Hubn. f. 241. — Treits. SCHM. EUR. V, 3, p 35. — Dup. VII, pl. 113, f. 2 et 6. — Frey. BEITR. pl. 4, f. 2. — Wernb. BEITR. I, p. 251. — ANN. SOC. ENT. B. I, p 86. — Spey. GEOGR. VERB. II, p. 161. — Staud. CAT. p. 101, n° 1426.
NOCTUA RUREA, Fab. — N. PUTRIS, Sch. — N. LUCULENTA, Esp. — XYLOPHASIA LUCULENTA, Step. — XYLINA RUREA, Treits. — LUPERINA RUREA, Boisd. — HADENA RUREA, Led. — H. CRENATA, Wernb. — Ab. : ALOPECURUS, Esp. — COMBUSTA, Dup. — AQUILA, Donz.

Cette espèce est plus ou moins commune dans les plaines et dans les montagnes. Elle habite l'Europe centrale et septentrionale, la Russie méridionale et orientale, ainsi que le Piémont, mais ne se trouve pas en Scandinavie. Elle est assez commune en Belgique. On l'a également rencontrée dans l'Altaï et dans la Sibérie orientale.

La chenille vit en automne sur diverses graminées, ainsi que sur les primevères, les rumex, les ronces, les plantains, etc. Elle hiverne.

La chrysalidation a lieu dans la terre à la fin d'avril et la noctuelle vole en juin.

1. Hadène mignonne. 2. H. Hépathique.

HADÈNE MIGNONNE
HADENA SCOLOPACINA, Esp.

Esp. pl. 120, f. 1. — Hb. f. 460. — Treits. V, 3, p. 33. — Dup. VII, pl. 113, f. 3. — Frey. N. Beitr. pl. 64. — Ann. Soc. ent. B. I, p. 86. — Led. Noct. p. 34. — Spey. Geogr. verb. II, p. 162. — Staud. Cat. p. 101, n° 1427.
Noctua scolopacina, Esp. — Xylina scolopacina, Treits. — Luperina scolopacina, Boisd. — Hadena scolopacina, Led.

Cette espèce est plus ou moins répandue dans l'Europe centrale, entre le 60° et le 45°, et on l'observe aussi bien dans les plaines que dans les montagnes. On la rencontre depuis l'Angleterre jusqu'aux monts Altaï ; elle est assez commune dans les bois de la Belgique.

La chenille vit en mai sur les brizes *(Briza)* et sur différentes sortes de joncs, mais elle se tient cachée durant le jour. Les métamorphoses ont lieu dans la terre et l'insecte parfait vole en juillet et août.

HADÈNE HÉPATIQUE
HADENA HEPATICA, Schiff.

Schiff. S. V. p. 83. — Hb. p. 182, f. 133. — Treits. V, 3, p. 39. — Dup. VII, pl. 113, f. 4. — Frey. N. Beitr. pl. 310 et 370, f. 3. — Spey. Geogr. verb. II, p. 162. — Ann. Soc. ent. B. XIII, p. 33; XIV, p. 15; XVIII, p. 84. — Staud. Cat. p. 101, n° 1429.
Noctua hepatica, Sch. — N. characterea, Hb. — N. nux, Fr. — Xylina hepatica, Treits. — Luperina hepatica, Boisd. — Hadena hepatica, Spey.

Cette espèce est éparpillée dans l'Europe centrale entre le 60° et le 44°, mais elle n'a été observée ni en Livonie, ni en Hollande. On la rencontre aussi dans les monts Ourals et Altaï et dans les provinces de l'Amour. En Belgique elle a été trouvée à Kinkempois par M. Latour, près de Bruxelles par le Dr Breyer et dans les environs de Dinant par M. Fondu.

On trouve la chenille en automne et au printemps sur des graminées ; elle hiverne et se métamorphose dans la terre en avril ou mai. L'insecte vole en juin et juillet.

Notre planche donne une reproduction de la chenille figurée par Freyer.

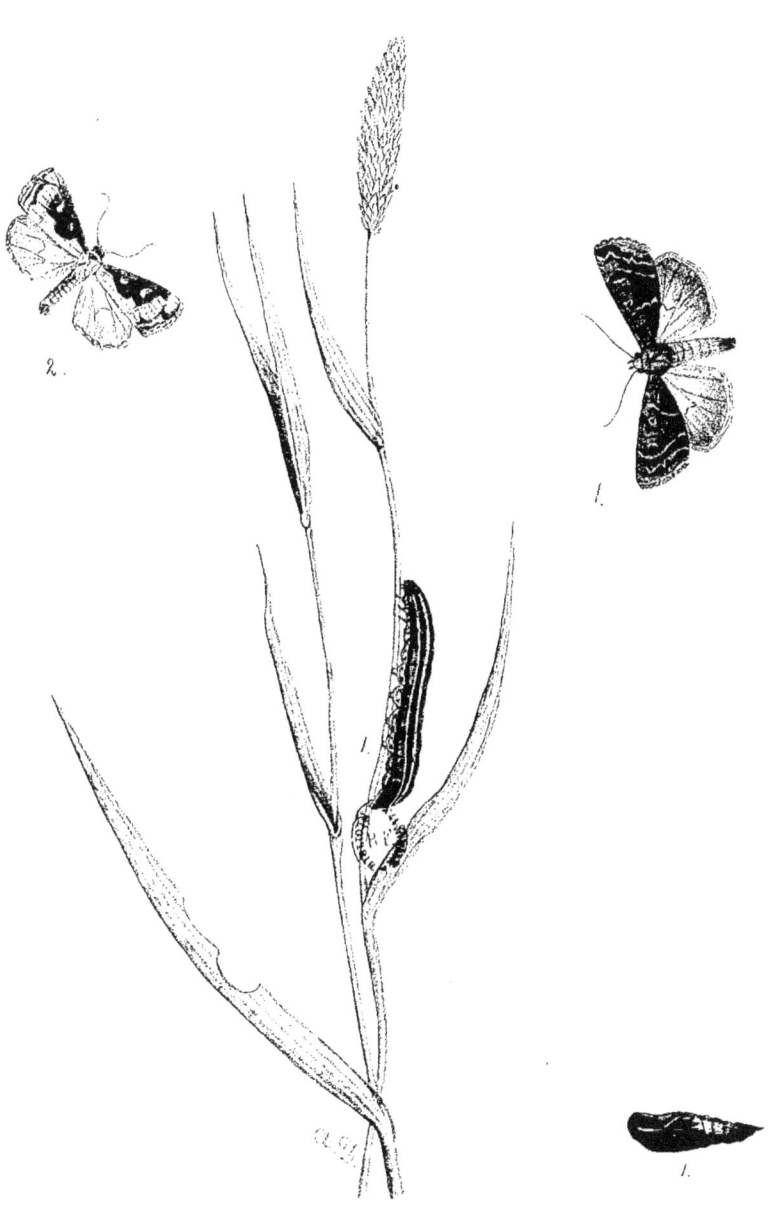

1. Hadène brouillée. 2. H. mêlée.

HADÈNE BROUILLÉE

HADENA GEMINA, Hubn.

Hb. f. 482. — Treits. V, 1, p. 345-46. — Frey. N. Beitr. pl. 28,29. — Dup. VII, pl. 107, f. 5. — Ann. Soc. ent. B. I, p. 87. — Spey. Geogr. verb. II, p. 164. — Staud. Cat. p. 102, n° 1430.
Noctua gemina, Hb. — Hadena gemina, Treits. — H. anceps, Dup. — Luperina gemina, Boisd. — *Var.* : Remissa, Treits. = Submissa, Ochs.

Cette noctuelle est répandue entre le 60° et le 46° depuis l'Angleterre jusqu'aux frontières orientales de l'Asie. Elle est rare en Belgique.

La chenille vit en septembre et en octobre sur les primevères, le pissenlit et sur diverses graminées. Les métamorphoses ont lieu dans la terre en mai et l'insecte parfait vole en juin et en juillet.

HADÈNE MÊLÉE

HADENA OPHIOGRAMMA, Esp.

Esp. pl. 182, f. 2. — Hubn. f. 355. — Treits. V, 2, p. 91. — Dup. VII, pl. 109, f. 5. — Frey. N. Beitr. pl. 75. f. 3. — Ann. Soc. ent. B. I, p. 87. — Spey. Geogr. verb. II, p. 166. — Led. Noct. p. 35, 107. — Staud. Cat. p. 102, n° 1437.
Noctua ophiogramma, Esp. — Apamea ophiogramma, Treits. — Luperina ophiogramma, Boisd. — Hadena ophiogramma, Led.

L'hadène mêlée a été trouvée dans la Russie centrale, en Hongrie, en Allemagne, en Angleterre, en Hollande, en Belgique et dans les monts Altaï ; elle est très rare dans notre pays.

La chenille vit en mai dans la tige de diverses plantes, entre autres des iris, des glycéries *(Glyceria)*, des alpistes *(Phalaris)*, etc., et se métamorphose dans la terre à la fin du même mois. On rencontre la noctuelle vers le soir, à la fin de juin et en juillet, dans les prairies humides.

Hadène variable.

HADÈNE VARIABLE

HADENA DIDYMA, Esp.

THE COMMON RUSTIC. — WEISSNARBIGE EULE

Esp. Schm. Eur. pl. 126, f. 6, 7, 159, f. 7. — Hubn. Noct. f. 420 et 619. — Treits. Schm. Eur. V, 2, p. 86. — Dup. VI, pl. 100. f. 5, 6. — Frey. N. Beitr. pl. 75, f. 1, 2, pl. 443, f. 1, 2. — Gn. I, p. 210. — Led. Noct. p. 35.—Ann. Soc. ent. B. I, p. 87. - Spey. Geogr. verb. II, p. 165. — Staud. Cat. p. 102, n° 1433.

Noctua didyma, Esp. — N. secalina, Hb. — N. oculea, Fab. — Apamea didyma, Treits. Hadena didyma, Led. — Luperina didyma, Boisd. — *Var.* : Nictitans, Esp. — Leucostigma, Esp. = Lugens, Hw. — Moderata, Ev.

Cette noctuelle est généralement répandue dans toute l'Europe centrale et méridionale et se montre même dans les régions subalpines. On la rencontre, du 61° au 37°, depuis l'Angleterre jusqu'à l'Oural ; elle est très-commune en Belgique. Elle habite également les îles de la Méditerranée, ainsi que l'ouest de l'Asie Mineure et l'Arménie. Suivant MM. Speyer, elle se trouverait même en Californie. La var. *Nictitans* ne paraît pas être locale, mais les deux autres variétés sont propres aux steppes de l'Oural.

La chenille vit, depuis l'automne jusqu'en mai, à l'intérieur de certaines graminées ou près de leurs racines.

La noctuelle vole en juillet dans les endroits herbeux et émaillés de fleurs. Elle est très-variable dans sa coloration.

1. Hadène lettrée, 2. H. ciselée.

HADÈNE LETTRÉE

HADENA LITEROSA, Haw.

Haw. Lep. Br p. 213. — Treits. V. 2, p. 97. — Gn. 1, 216. — Led. Noct. p. 35,108. — Ann. Soc. ent. B. VII, p. 89. — Spey. Geogr. verb. II. p. 167. — Staud. Cat p. 102, n° 1438.
Noctua literosa, Haw. — Miana literosa, Step. — Apamea suffuruncula, Ochs. — A. erratricula, Treits. — A. literosa, Fol. — Hadena literosa, Led.

Cette espèce est très localisée : elle a été observée en Angleterre, en France, en Belgique, en Hollande, en Allemagne, en Autriche, en Hongrie, en Livonie, dans l'Oural, en Arménie et dans l'Altaï. M. Fologne dit en avoir pris plusieurs exemplaires dans les dunes d'Ostende.

La chenille est inconnue. L'insecte parfait vole de juin à août.

HADÈNE CISELÉE

HADENA STRIGILIS, Lin.

Lin. F. S. p. 318. — Esp. pl. 146, f. 1-6. — Sch. W. V. p. 89, — Hb. f. 94,95. — Treits. V, 2, p. 98,102. — Frey. N. Beitr., pl. 273. f. a-c; 142, f. 1. — Dup. VII, pl. 101. f. 1,2. — Ann. Soc. ent. B. 1, p. 87. — Spey. Geogr. verb. II, p. 168. — Staud. Cat. p. 102, n° 1440.
Phalæna strigilis, L. — Noctua strigilis, Esp. — N. præduncula, Hb. — Apamea strigilis, Treits. — Miana strigilis, Step. — Hadena strigilis, Led. — *Var.* : Latruncula, Sch. = Aerata, Esp. (f. 4). — Æthiops, Haw. = Latruncula, H. G. = Aerata, Esp. (f. 6.).

Cette noctuelle est plus ou moins commune dans toute l'Europe, depuis la Scandinavie jusqu'en Sicile, et depuis l'Angleterre jusqu'au Volga et la mer Noire. En Belgique elle est commune partout.

La chenille vit depuis l'automne jusqu'en mai à l'intérieur des chaumes de diverses graminées; elle se chrysalide soit dans le chaume, soit sous la mousse.

L'insecte vole en juin et juillet.

1. Hadéne bicolore, 2. Dyptérygie du pin.

HADÈNE BICOLORE

HADENA FURUNCULA, Sch.

Schiff. Syst. Verz., p. 89. — Vill. Ent. lin. II, p. 288. — Hb. f. 545, 96. — Treits. V, 2, p. 92. — Dup. VI, pl. 75, f. 3; VII, pl. 101, f. 3. — Haw. l.: p. Br. pp. 215-16. — Gn. I, pp. 216-17. — Frey. N. Beitr. pl. 142, f. 3. — Led. Noct. p. 35. — Ann. Soc. ent. B. I, p. 87. — Spey. Geogr. verb. II, p. 167. — Staud. Cat. p. 103, n° 1442.
Noctua furuncula, Sch. — N. bicoloria, Vill. — N. humeralis, West. — Apamea furuncula, Treits. — Hadena furuncula, Led. — H. bicoloria, Stg — Miana furuncula, Step. — Ab. : Terminalis, Haw. — Rufuncula, Haw. — Erratricula. Fr. — Vinctuncula, Hb. — Insulicola, Stg.

Cette petite noctuelle est plus ou moins répandue depuis l'Angleterre jusqu'aux monts Altaï, et depuis le 37° jusqu'au 57°; elle habite également l'Arménie. En Belgique elle est commune partout.

La chenille n'est pas connue. L'insecte vole en juin et en juillet.

DYPTÉRYGIE DU PIN

DYPTERYGIA PINASTRI, Lin.

Lin. F. S. p. 315 ; S. N. X, p. 516. — Hb. f. 246. — Hufn. Berl. Mag. III, p. 300. — Treits. V, 3, p. 58. — Step. Cat. II, p. 77. — Dup. VII, pl. 110, f. 5. — Gn. I, p. 146. — Ann. Soc. ent. B. I, p. 86. — Spey. Geogr Verb. II, p. 173. — Staud. Cat. p. 103, n° 1445.
Phalæna pinastri et scabriuscula, Lin. — Ph. dypterygia, Hufn — Xylina pinastri, Treits. — Dypterygia pinastri, Step. — D. scabriuscula, Stg. — Luperina pinastri, Boisd.

La Dyptérygie du pin est généralement peu abondante, mais on la rencontre dans presque toute l'Europe jusqu'au 62°, ainsi qu'en Arménie; elle est assez rare en Belgique.

On trouve la chenille sur divers *Rumex* en juillet et août. La chrysalide hiverne, enveloppée d'un léger tissu, et cachée à terre dans des détritus végétaux.

L'insecte parfait vole en juin et on l'observe dans la journée contre les troncs d'arbres, les poteaux, etc.

1. Hadène bordée, 2. Hyppa saxonne.

HADÈNE BORDÉE

HADENA FASCIUNCULA, Haw.

Haw. Lep. Br. p. 215. — Gn. I, 215. — Donz. Ann. Soc. Fr. VII, p. 430, pl. 12, f 3, 4. — Rbr. Cat. S And. pl. 16, f. 1, 2. — Steph. Cat. Br. Lep. p 88. — Spey. Geogr. verb. II, p. 166. — Staud. Cat. p. 102, n° 1441. — Ann. Soc. ent. B. XXVII, p. cxxvi.
Noctua fasciuncula, Haw. — Apamea rubeuncula, Donz. — Miana fasciuncula, Step. Hadena fasciuncula, Led. — Ab. : Cana, Stg.

Cette espèce n'a été observée jusqu'ici qu'en Angleterre, dans le Jutland, en Hollande, en France et en Andalousie. Tout récemment M. Van Segvelt en a pris un exemplaire en Belgique, près de Malines le 7 juin 1883.

Chenille inconnue. Vole en mai et juin.

HYPPA SAXONNE

HYPPA RECTILINEA, Esp.

Esp. pl. 127, f. 1. — Hb. f. 248. — Treits. V, 3, p. 61. — Dup. VII, pl. 114, f. 6. — Frey. N. Beitr. pl. 51. — Gn. II, p. 105. — Spey. Geogr. verb. II, p. 173. — Staud. Cat. p. 103, n° 1446. — Ann. Soc. ent. B. XXVII, p. cxxix.
Noctua rectilinea, Esp. — Xylina rectilinea, Step. — Hyppa rectilinea, Dup.

Cette noctuelle est plus répandue dans le nord que dans le centre de l'Europe ; on la rencontre, entre le 70° et le 44°, depuis l'Angleterre jusque dans la Sibérie orientale ; elle paraît manquer en Hollande. Un mâle a été pris à Hestreux par M. Ch. Donckier : c'est la seule capture qui paraît avoir été faite en Belgique.

La chenille vit en été et en automne sur les ronces, les airelles et autres plantes. Elle hiverne et se métamorphose dans la première quinzaine du printemps dans un léger tissus caché à terre.

L'insecte parfait vole en juin et juillet.

Chenille et chrysalide d'après les figures de Freyer.

Chloanthe perspicillaire,
sur le Millepertuis perforé.

CHLOANTHE PERSPICILLAIRE.

CHLOANTHA PERSPICILLARIS, BOISD.

THE PURPLE CLOUD. — KONRADSKRAUD-EULE.

Treits., t. V, 3, p. 69. — Esp., t. IV, pl, CXXXIV. – Spey., Geogr. Verb., t. II, p. 174. — Boisd., p. 151, n° 1210. — Frey., Beit., t. I, n° 7, p. 20. — Lederer, Noct. p. 164. — Phalæna perspicillaris, Lin.

Cette espèce, rare pour notre pays, habite la Suède, la Livonie, la Galicie, l'Allemagne, la Hollande, la Belgique, la Grande-Bretagne et la France ; on la rencontre aussi sur les monts Altaï et au Japon.

La chenille, pendant les mois de juillet et d'août, vit sur le millepertuis perforé (*Hypericum perforatum*), le millepertuis tétragone (*H. quadrangulum*) et le millepertuis velu (*H. hirsutum*); elle se tient habituellement, pendant le jour, à terre et roulée sur elle-même. M. Huygens, artiste peintre, est le premier qui trouva de ces chenilles dans nos environs ; en 1861, cet ardent amateur en prit un assez grand nombre à Groenendael près de Bruxelles, et il a bien voulu nous en donner quelques-unes. Nous remercions ici M. Huygens ainsi que ses deux fils pour l'obligeance avec laquelle ils nous viennent en aide, car, grâce à ces messieurs, nous avons déjà obtenu plus d'une chenille rare. Il serait à désirer, dans l'intérêt de la science, que MM. les amateurs nous communiquassent davantage les chenilles des espèces rares qu'il pourraient trouver, afin que nous puissions en prendre le dessin.

La chrysalidation de ce chloanthe a lieu en septembre ; la chenille se construit sur la terre un léger tissu, d'où le papillon ne sort qu'en mai ou en juin de l'année suivante. On le trouve vers cette époque, dans les endroits exposés au soleil, tels que les prés et les jardins, où il aime à voltiger autour des fleurs.

Arrochière volant doré
sur la petite oseille.

ARROCHIÈRE VOLANT DORÉ

TRACHEA ATRIPLICIS, Lin.

THE WILD ARRACH. — MELDEN-EULE

Lin. S. N. X, 517; F. S , 317.—Esp. Schm. IV, pl. 168, f. 1-3. — — Hubn., Noct., pl. 17, f. 83. — Treits. Schm. Eur., V, 2,66. — Dup. Pap. de Fr. VI, pl. 100, f. 1. — Boisd. Ind. p. 119, n° 940. — Ann. Soc. ent. B. I, 89.—Spey, Geogr. verb. II, 157. — Staud. Cat., 104, n° 1457.

Phalæna N. atriplicis, Lin. — Noctua atriplicis, Hb. — Trachea atriplicis, Treits.— Hadena atriplicis, Boisd.

Cette noctuelle habite toute l'Europe depuis le sud de la Scandinavie jusqu'en Sicile, et depuis les îles Britanniques jusqu'au monts Ourals et les frontières occidentales de l'Asie. D'après M. von Hügel, on la trouverait même au Kachemir et dans l'Himalaya. Elle est assez rare en Belgique.

La chenille vit, depuis le commencement de juillet jusqu'en septembre, sur une infinité de plantes herbacées, mais principalement sur celles des genres *Polygonum*, *Rumex*, *Atriplex* et *Chenopodium*. Pendant le jour, elle se tient cachée sous des pierres ou dans des crevasses du sol et ne sort que la nuit pour manger.

Les métamorphoses ont lieu dans la terre; l'insecte parfait éclôt en mai ou en juin de l'année suivante. Cette noctuelle habite de préférence les jardins et les champs; on la rencontre également dans les montagnes jusque près de la région alpine.

Eupleuxie Brillante
sur la Chélidoine.

EUPLEXIE BRILLANTE

EUPLEXIA LUCIPARA, Lin.

THE SMALL ANGLESHADES. — BROMBEEREULE

Lin. Syst. Nat. X, p. 518; F. S. p. 318.—Esp. Schm. Eur. pl. 174, f. 1-4. — Hubn. Noct. pl. 11, f. 55. — Treits. Schm. Eur. V, 1, p. 377. — Dup. Lep. de Fr. VI, pl. 94, f. 5. — Frey. N. Beitr. pl. 82. — Ann. Soc. ent. B. I, p. 89. — Step. Cat. Br. Lep. p. 91. — Spey. Geogr. verb. II, p. 170. — Staud. Cat. p. 104, n° 1461.

Phalæna lucipara, Lin. — Noctua lucipara, Esp. — Phlogophora lucipara, Treits. — Euplexia lucipara, Step.

Cette noctuelle est répandue dans presque toute l'Europe, sauf dans les régions boréales ; il est même probable qu'elle habite toute la partie tempérée de l'hémisphère septentrionale, car on la rencontre depuis l'Angleterre et les côtes occidentales de notre continent jusqu'à l'Altaï, et on la retrouve ensuite dans l'Amérique du Nord. En Europe elle est plus ou moins répandue entre le 60° et le 45° ; elle est assez rare en Belgique.

On trouve la chenille depuis le mois d'août jusqu'en octobre sur une foule de plantes herbacées, telles que : ronces *(Rubus fruticosus* et *saxatilis)*, oseille *(Rumex acetosa)*, laitue *(Lactuca sativa)*, camomille *(Matricaria chamomilla)*, mélilot *(Melilotus officinalis)*, vipérine *(Echium vulgare)*, buglosse *(Anchusa officinalis* et *angustifolia)*, chélidoine *(Chelidonium majus)*, etc.

Les métamorphoses de la chenille ont lieu dans la terre.

La noctuelle vole en mai, juin et juillet.

Brotolome craintive.

BROTOLOME CRAINTIVE

BROTOLOMIA METICULOSA, Lin.

THE ANGLE-SHADES. — MANGOLDEULE

Lin. S. N. x, p. 513; F. S. p. 309. — Esp. Schm. pl. 112, f. 5-7. — Hubn. Noct. f. 67. — Treits. Schm. Eur. V, 1, p. 373. — Dup. Lep. de Fr. VI, pl. 94, f. 2. — Sepp, Nederl. ins. I, pl. 21.—Led. Noct. p. 35.—Ann. Soc. ent. B. I, p. 90.— Spey. Geogr. verb. II, p. 171. — Staud. Cat. p. 104, n° 1403.

Phalæna meticulosa, Lin. — Noctua meticulosa, Esp. — Phlogophora meticulosa, Treits. — Brotolomia meticulosa, Led.

Cette espèce est généralement commune dans toute l'Europe centrale et méridionale, sauf dans le nord de la Prusse où elle est rare. On la rencontre depuis le sud de la Scandinavie jusqu'au nord de l'Afrique, et depuis l'Angleterre jusqu'à Moscou et la Syrie. Elle est très-commune en Belgique.

La brotolome craintive a deux générations : on trouve la chenille de mai à juillet et une seconde fois en automne. Elle est polyphage et on la rencontre sur une foule de plantes, mais particulièrement sur celles des genres *Beta, Cheiranthus, Urtica, Lamium, Mercurialis, Anagallis, Alsine, Conium, Pinpinella, Primula, Artemisia, Verbascum*, etc.; nous l'avons aussi souvent trouvée sur les *Fuchsia*.

L'insecte parfait vole à la fin de mai, en juin et en août.

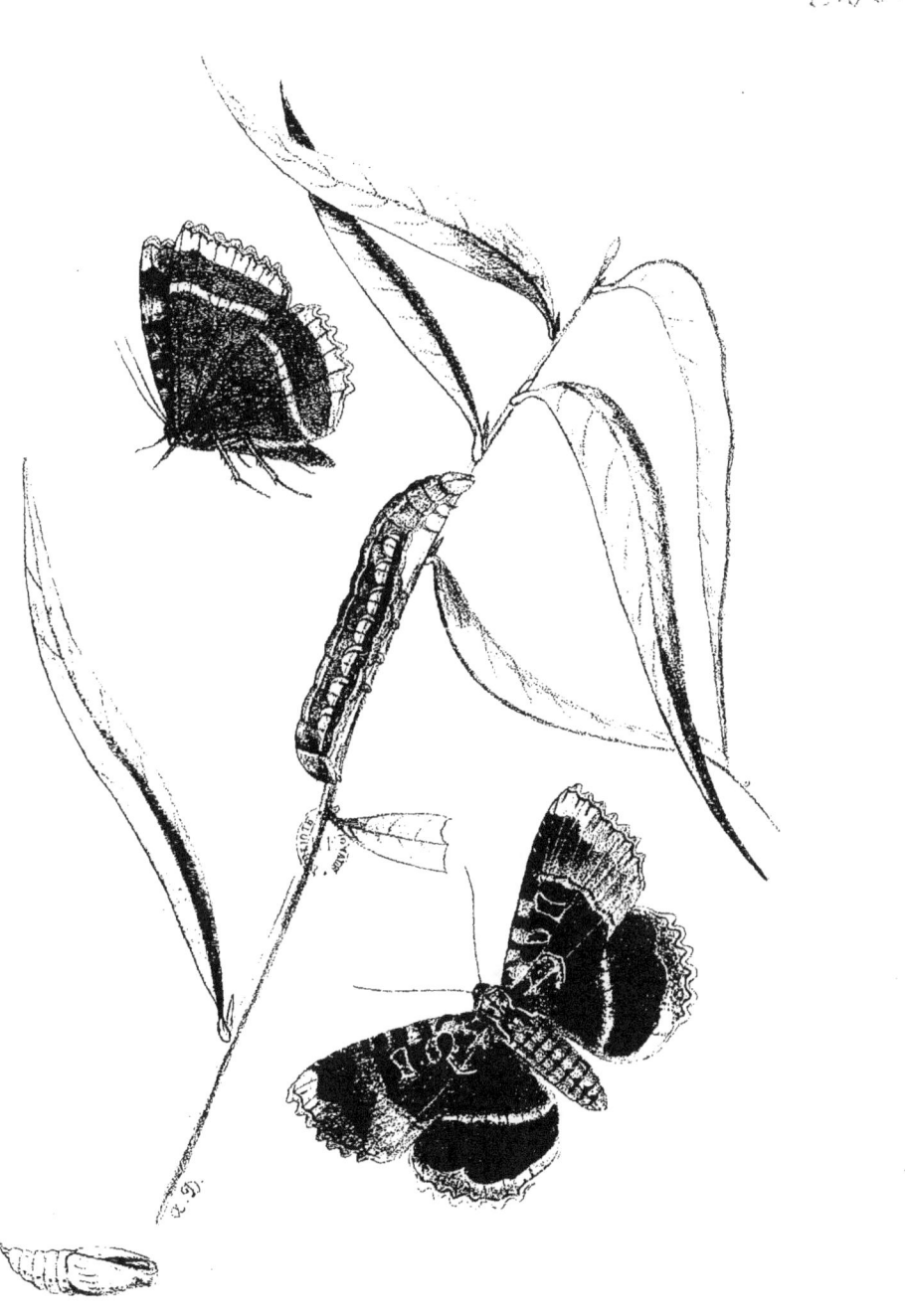

Maure nègre.

MAURE NÈGRE

MANIA MAURA, Lin.

THE OLD LADY. — NACHTGEIST EULE

Lin. S. N. x, p. 512; xii, p. 843.—Esp. Schm. Eur. IV, pl. 107, f. 1. — Hubn. Noct. pl. 67, f. 326. — Treits. Schm. Eur. V, 1, p. 295. — Frey. N. Beitr. pl. 53. — God. V, pl. 54, f. 1, 2. — Step. Cat. B. I. p. 137. — Ann. Soc. ent. B. I, p. 78. — Spey. Geogr. verb. II, p. 225. — Staud. Cat. p. 104, n° 1464.

Phalæna maura, Lin. — Noctua maura, Sch. — Mania maura, Treits. — Mormo maura, Step.

Cette noctuelle est plus ou moins répandue dans l'Europe centrale et méridionale, entre le 56° et le 35°, depuis l'Espagne jusqu'au Caucase; on la rencontre également en Angleterre, en Ecosse, en Arménie et dans la Basse-Egypte. Elle est rare aux environs de Bruxelles, mais assez commune dans les provinces de Liége, de Namur et de Luxembourg.

La chenille vit en mai et en juin sur les saules, l'aune, les peupliers, le pêcher, l'oseille, la laitue, etc. Durant le jour elle se tient cachée à terre ou entre les crevasses des écorces; elle se métamorphose sur le sol à l'intérieur d'un léger tissu.

L'insecte parfait est diurne et vole près des eaux en juillet et août.

1. Naenie typique, 2. Hélotrophe rouillée.

NÆNIE TYPIQUE

NÆNIA TYPICA, Lin.

Lin. S. N. X, p. 518; F. S. 317. — Esp. pl. 173, f. 1-4; pl. 197, f. 1, 3. – Hb. f. 61. — Treits. V, 1, p. 298. — Dup. VI, pl. 90, f. 1. — Gn. II, p 417. — Ann. Soc. ent. B. I, p. 78. — Spey. G. V. II, p. 129. — Staud. Cat. p. 105, n° 1465.
Phalæna typica. L. — Noctua typica, Sch. — N. excusa, Esp. — N. venosa, Hb. — Mania typica, Treits. — Næma typica, Step.

Ce lépidoptère habite toute l'Europe, sauf la région boréale où il ne dépasse pas le 60°; il habite également l'Asie occidentale jusqu'aux monts Altaï. Il est commun en Belgique.

La chenille vit en société en avril et mai sur les rumex, les primevères, les orties, les stellaires, etc. La chrysalidation a lieu à la surface du sol dans une coque formée de terre et de fragments de feuilles. L'insecte vole en juin et en juillet dans les endroits humides et ombragés.

HÉLOTROPHE ROUILLÉE

HELOTROPHA LEUCOSTIGMA, Hub.

Hubn. f. 375 et 385. — Treits. V, 2, p. 331. — Gn. I, p. 210. — Dup. VII, pl. 109, f. 4. — Ann. Soc. Ent. B. I, p. 87. — Led. Noct. p. 35. — Spey. Geogr. verb. II, p. 168. — Staud. Cat. p. 105, n° 1468.
Noctua leucostigma, Hb. — N. lunina, Haw. — Gortyna leucostigma, Treits. — Luperina leucostigma, Boisd. — Hydræcia leucostigma, Step — Helotropha leucostigma, Led. — *Var.* : Fibrosa, Hb.

Cette espèce est répandue dans l'Europe centrale et dans l'Asie occidentale jusqu'aux monts Altaï. Elle est très-rare en Belgique.

La chenille vit en mai et en juin dans la tige de l'iris sauvage *(Iris pseudo-acorus)* et s'y métamorphose.

La noctuelle vole au crépuscule en juillet et août dans les prairies humides.

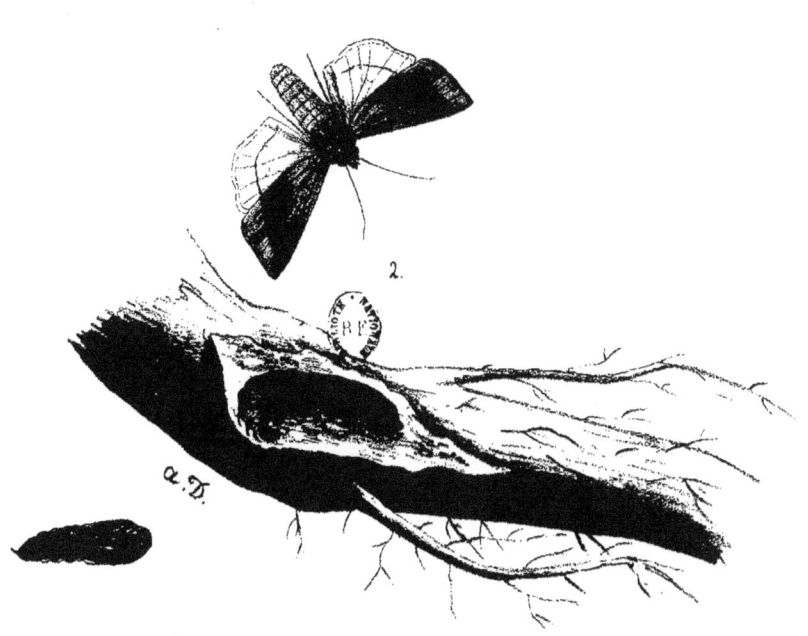

1. Hydroécie éclatante. 2. H. irrésolue.

HYDROÉCIE ÉCLATANTE
HYDROECIA NICTITANS, Bkh.

Borkh. IV, p. 463. — Hb. f. 221. — Don. Br. I, p. 397 —Treits. V, 2, p. 82. — Gn. I, p. 126. Dup. VII, pl. 104, f. 2. — Frey. Beitr. pl. 141, f 2; N. Beitr. pl. 468, f. 3, 4. — Ann. Soc. ent. B. I, p. 87. — Spey. Geogr. verb II, p 69. — Staud. Cat. p. 105, n° 1469.
? Phalæna oculea, Lin. — Noctua nictitans, Bkh. — N. chrysographa, Hb. — N. auricula, Don. — Apamea nictitans, Treits. — Luperina. nictitans, Boisd. — Hydroecia nictitans, Gn. — Ab. : Erythrostigma, Haw. = Nictitans, Dup. = Fucosa, Frey. — Lucens, Frey.

Cette espèce paraît habiter toute l'hémisphère boréale, car elle a été observée aussi bien dans le nord de l'Asie et de l'Amérique qu'en Europe. Sur notre continent elle est plus ou moins répandue entre le 64° et le 45°; en Asie on la rencontre dans la Sibérie, dans l'Altaï et dans les provinces de l'Amour. Elle est rare en Belgique.

La chenille vit en mai près des racines des graminées et se métamorphose dans un cocon formé de matières terreuses.

La noctuelle vole en juillet et en août, et on la rencontre le soir dans les prairies humides, principalement aux environs de Bruxelles et de Liége.

HYDROECIE IRRÉSOLUE
HYDROECIA MICACEA, Esp.

Esp. Schm. pl. 145, f. 6. — Hb. f. 224. — Treits. V, 2, p. 333. — Dup. VII, pl. 115, f. 6. — Frey. N. Beitr. pl. 117. — Gn. I, p 128. — Ann. Soc. ent. B. I, p. 99. — Spey. Geogr. verb. II. p. 168. — Staud. Cat. p. 105, n° 1470.
Noctua micacea, Esp. — N. cypriaca, Hb. — Gortina micacea, Treits. — Hydroecia micacea, Gn.

L'aire géographique de cette espèce s'étend, en Europe et en Asie, entre le 60° et le 45°, mais elle est généralement peu répandue; elle est très-rare en Belgique.

La chenille est difficile à découvrir; elle vit, en mai et en juin, près des racines de roseaux, de cypéracées et d'autres plantes croissant dans les endroits marécageux. Elle se métamorphose en juillet et l'insecte parfait vole en août et en septembre.

Gortyne drap d'or
sur la Bardane.

GORTYNE DRAP D'OR

GORTYNA FLAVAGO, Schiff.

THE FROSTED ORANGE. — KÖNIGSKERZEN-EULE

Sch. W. V. p. 86. — Esp. Schm. IV, pl. 112, f. 2, 4. — Hubn. Noct. pl. 39, f. 186-87; Beitr. p. 106. — Treits. Schm. Eur. V, 2, p. 335. — Dup. VII, pl. 116, f. 2. — Frey. N. Beitr. pl. 484. — Ann. Soc. ent. B. I, p. 99.—Spcy. Geogr. Verb. II, p. 170. — Staud. Cat. p. 105, n° 1476.

Noctua flavago, Sch. — N. ochracea, Hb. — Gortyna flavago, Treits. — G. ochracea, Stg.

La gortyne drap d'or est plus ou moins répandue entre le 60° et le 42°, depuis l'Angleterre jusqu'aux monts Altaï. Elle est rare en Belgique.

On trouve la chenille, de mai en juillet, dans les tiges de bardane *(Arctium lappa)*, de bouillon blanc *(Verbascum thapsus)*, de scrophulaire *(Scrophularia aquatica)*, de sureau *(Sambucus niger)*, de valériane *(Valeriana officinalis)* et de l'eupatoire *(Eupatorium cannabinum)*. La chrysalidation a lieu en juillet dans la tige même.

L'insecte parfait vole en plein soleil vers la fin d'août et en septembre.

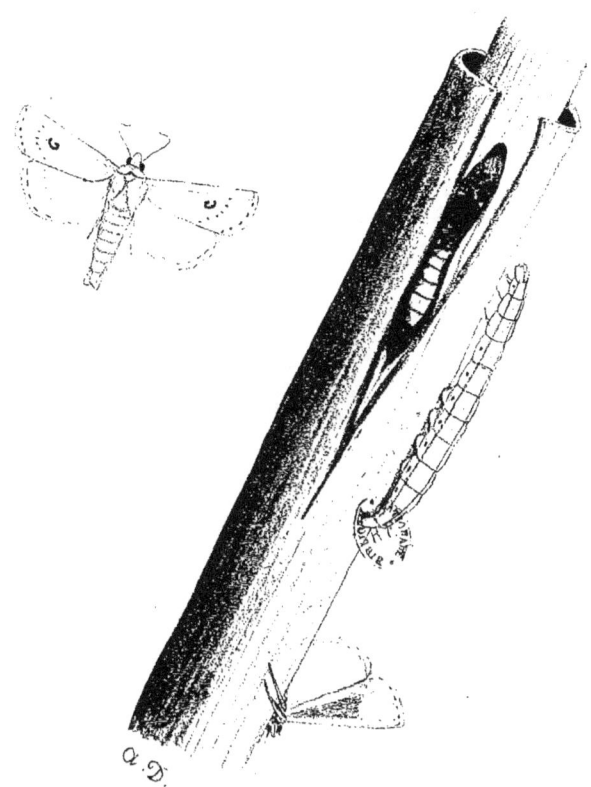

- Nonagrie du rubanier.

NONAGRIE DU RUBANIER

NONAGRIA SPARGANII, Esp.

IGELKNOSPEN — EULE.

Esp. Schm. pl. 148, f. 2,3. — Hubn. Noct. pl. 118, f. 549-50. — Treits. Schm. Eur. V, 2, p. 323; X, 2. p. 98. — Frey. N. Beitr. pl. 88. — Dup. Lép. de Fr. III, pl. 106, f. 6, 7. — Sepp, Ned. Ins. VIII, pl. 14. — Ann. Soc. ent. B. I, p 176. — Spey. Geogr. verb. II, p. 57. — Staud. Cat. p. 106, n° 1479.

Noctua sparganii, Esp. — Nonagria sparganii, Treits.

Cette espèce est peu répandue, mais elle est plus abondante dans le nord que dans le sud, bien qu'on ne l'observe guère au-delà du 54 1/2°. Elle a été observée en Allemagne, en Autriche, en Russie, en Suisse, en Hollande, en France et en Piémont. Un exemplaire a été trouvé en Belgique dans la province d'Anvers par M. H. De Lafontaine.

La chenille vit au printemps jusqu'en juin à l'intérieur des tiges de massette *(Typha latifolia)* et de roseau *(Phragmites communis)*, où elle se creuse une cellule pour s'y transformer en chrysalide, la tête en haut. Le trou de sortie est placé un peu au-dessus de la cavité qui contient la chrysalide, dont il n'est séparé que par une légère cloison.

L'insecte parfait vole en août et en septembre ; il se montre le soir près des étangs et des marais.

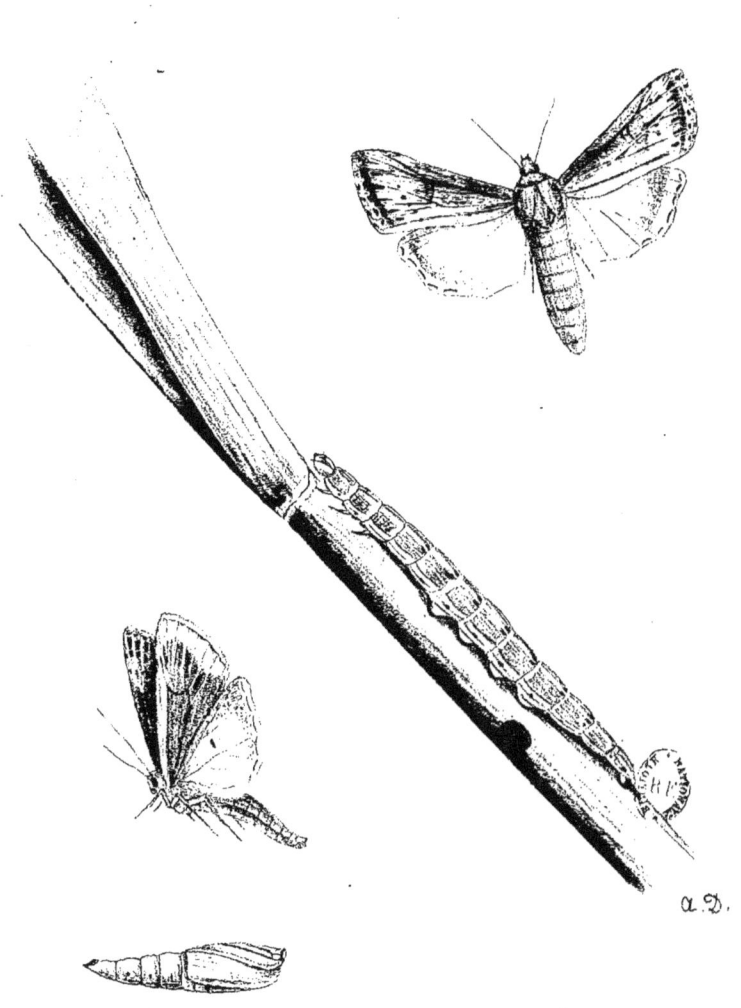

Nonagrie de la massette.

NONAGRIE DE LA MASSETTE

NONAGRIA ARUNDINIS, Fab.

THE BULLRUSH. — KOLBENSCHILF — EULE.

Fab Mant. p. 141. — Esp. Schm. pl. 140, f. 3-5 et pl. 148, f. 1. — Hubn. Noct. pl. 88, f. 415. — Treits. Schm. Eur. V, 2, p. 327; X. 2, p. 99. — Frey. N. Beitr. pl. 89. — Lang. Verz. p. 142 — Sepp, Nederl. ins. VIII, pl. 13. — Ann. Soc. ent. B. XIII, p. 33. — Spey. Geogr. verb. II, p. 58. — Staud. Cat. p. 106, n° 1480.

Noctua arundinis, Fab. (1787). — N. typhæ, Esp. (1789). — N. latifolia, Lang. — N. fraterna, H. S. — Nonagria typhæ, Treits — N. arundinis, Stg. — *Var.* : Fraterna, Treits. = Nervosa, Esp.

Cette nonagrie est plus ou moins répandue entre le 45° et le 60°, depuis l'Angleterre jusqu'au Volga; on la rencontre dans le sud de la Scandinavie, en Russie, en Autriche, en Allemagne, en Suisse, en Piémont, en France, en Hollande et en Angleterre. M. Donckier-Huart en a trouvé un exemplaire en Belgique sur le pavé de la ville de Liége, le 14 octobre 1866.

La chenille vit à l'intérieur des tiges de massette *(Typha latifolia)*, où elle se métamorphose; le trou de sortie est placé au bas de la cellule qui contient la chrysalide.

L'insecte parfait vole depuis le mois d'août jusqu'en octobre.

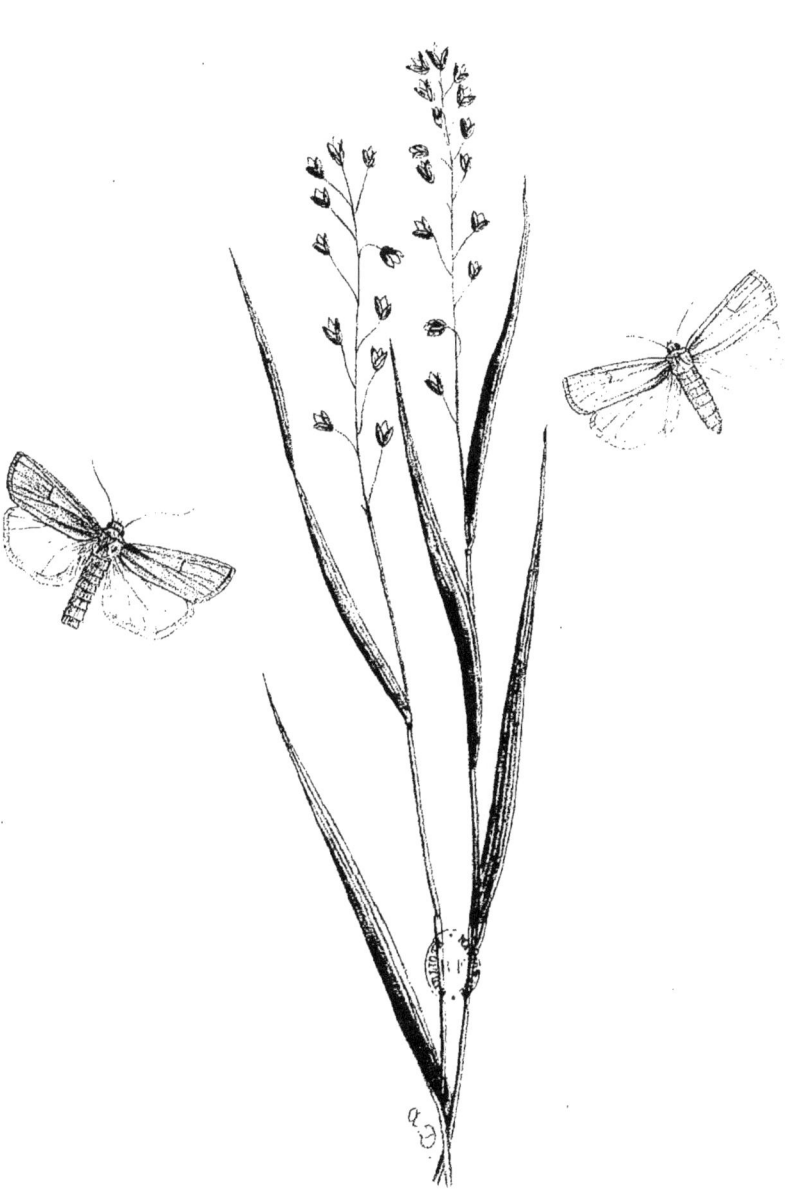

Tapinostole de l'élyme.

TAPINOSTOLE DE L'ELYME

TAPINOSTOLA ELYMI, Treits.

Treits. V, 2, p. 294. — Dup. III, pl. 31, f. 1. — Gn. I, p. 105. — Spey. Geogr. verb. II, p. 62. — Led. Noct. Eur. p. 124. — Staud. Cat. p. 107, n° 1494. — Ann. Soc. ent. B. XIV, p. xlvii.

Leucania elymi, Treits. — Tapinostola elymi, Led.

Cette noctuelle est fort peu répandue et elle est même rare là où elle habite; elle n'a encore été observée que sur les côtes de la mer Baltique et de la mer du Nord, c'est-à-dire dans le nord de l'Allemagne, en Danemark et en Angleterre ; le Dr Breyer en a capturé un exemplaire en Belgique en 1871.

La chenille est inconnue.

L'insecte parfait vole en juin et en juillet.

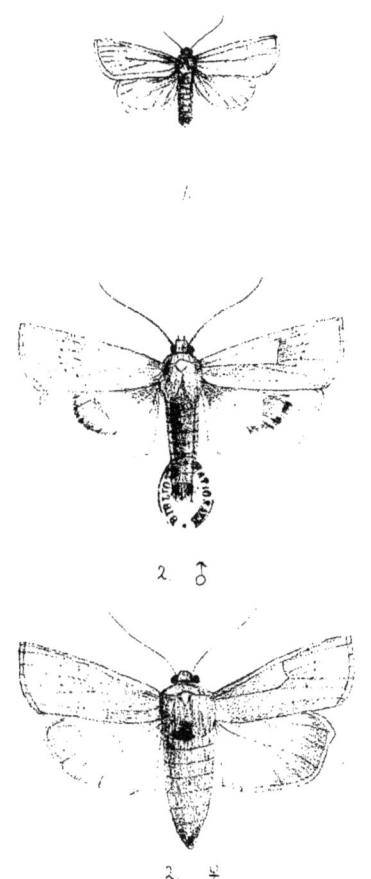

1.Tapinostole incertaine, 2,Calamie bathyerga.

TAPINOSTOLE INCERTAINE
TAPINOSTOLA FULVA, Hb.

Hb. Schm. f. 496, ? 413. — Treits V. 2, p. 313 et X. 2, p. 95 — Dup. VII, pl. 106, f. 4. — Frey. N. Beitr. pl. 501, f. 1. — Ann. Soc. ent. B. I, p. 95. — Spey. G. V. II, p. 61. — Staud. Cat. p. 107, n° 1490.
Noctua fulva et fluxa, Hb. — Nonagria fluxa et fulva, Treits. — Tapinostola fulva, Led.

Cet insecte habite les prairies humides de l'Europe centrale : on le rencontre entre le 56° et le 47° depuis l'Angleterre jusqu'aux monts Altaï ; il est très rare dans le nord de la France et en Belgique, où M. Charlier l'a trouvé près de Bruxelles.

La chenille vit en juin dans la tige de certaines graminées et de carex. La noctuelle vole en juillet et août.

CALAMIE BATHYERGA
CALAMIA LUTOSA, Hb.

Hubn. f. 232. — Haw. Lep. Br. p. 173 ; Tr. E. S. London, 1812, p. 336. — Frey. N. Beitr. pl. 170, f. 1. — Dup. III, pl. 32, f 1. — Spey. Geogr. verb. II, p. 62. — Ann. Soc. ent. B. XII, p. LII. — Staud. Cat. p. 107, n° 1497.
Noctua lutosa, Hb. — N. crassicornis et pilicornis, Haw. — N. bathyerga, Frey. — Leucania bathyerga, Boisd. — Calamia bathyerga, Wd. — C. lutosa, Led.

Ce lépidoptère est plus ou moins répandu en Scandinavie, en Angleterre, en Allemagne, en Autriche et en Hollande; M. Fologne a signalé la capture d'un individu de cette espèce sur un tronc d'arbre du boulevard de Waterloo à Bruxelles ; cette capture date de la fin de l'été de 1868 et prouve que cette noctuelle doit habiter les parties marécageuses de notre pays.

On trouve la chenille jusqu'en juillet dans les racines de roseaux *(Phragmites communis)* non submergées. Les métamorphoses ont lieu dans la terre ou dans une tige de roseau, et l'insecte parfait vole en août et en septembre.

1. Leucanie blême. 2. L. pâle.

LEUCANIE BLÊME
LEUCANIA PUDORINA, Schiff.

Sch. S. V. p. 85. — Hb. pl. 47, f. 309. — Treits. V, 2, p. 299. — Dup. VII, pl. 105, f. 4.— Gn. I, 86. — Frey. N. Beitr. pl. 585. — Spey. Geogr. Verb. II, p. 63. — Ann. Soc. ent. B. XV, p. 105. — Staud. Cat p. 108, n° 1501.
Noctua pudorina, Sch. — N. impudens, Hb. — Leucania pudorina, Treits.

Cette espèce est en général peu répandue, bien que son aire de dispersion soit assez vaste; on la rencontre entre le 56° et le 44° depuis l'Angleterre jusqu'aux monts Ourals, mais il est propable qu'elle existe aussi en Asie sous les mêmes latitudes, vu qu'elle a été observée dans les provinces de l'Amour. M. Weinmann a capturé deux exemplaires de cette noctuelle à Calmpthout, en juin 1872.

La chenille hiverne et se montre au printemps jusqu'en mai sur des graminées. Elle se métamorphose à la surface du sol dans des détritus de végétaux ; l'insecte parfait vole en juin et juillet, parfois encore en août, dans les prairies humides.

LEUCANIE PALE
LEUCANIA PALLENS, Lin.

Lin. S. N X. p. 511; F. S. p. 315. — Esp. pl. 90, f 1 — Hb. ff. 231 et 234. — Treits. V, 2, p. 290. — Dup VII, pl. 105, f. 1. — Gn. I, pp. 92, 94. — Ann. Soc. ent. B. I, p. 176. — Spey. Geogr. verb II. p 64 — Staud. Cat. p 109. n° 1503
Phalæna pallens. L. — Noctua pallens. Sch. — N. rufescens, Haw. — Leucania pallens, Treits.—L rufescens, arcuata, suffusa, ochracea, Step.—Ab.: Ectypa, Hb.

Cette noctuelle est généralement répandue dans toute l'Europe septentrionale et centrale à partir du 61° (Suède méridionale) jusqu'au 44°, ainsi qu'en Arménie; il paraît qu'elle existe également dans l'Amérique du Nord. En Belgique elle est commune dans beaucoup de localités.

La chenille se présente en deux générations ; on la rencontre en juin et en septembre sur l'oseille, le mouron, le pissenlit et autres plantes basses. La chrysalidation a lieu à terre, dans un léger tissu, à la fin de juillet, et en avril pour la seconde génération.

L'insecte vole vers le soir en mai, juin, août et septembre dans les endroits herbeux.

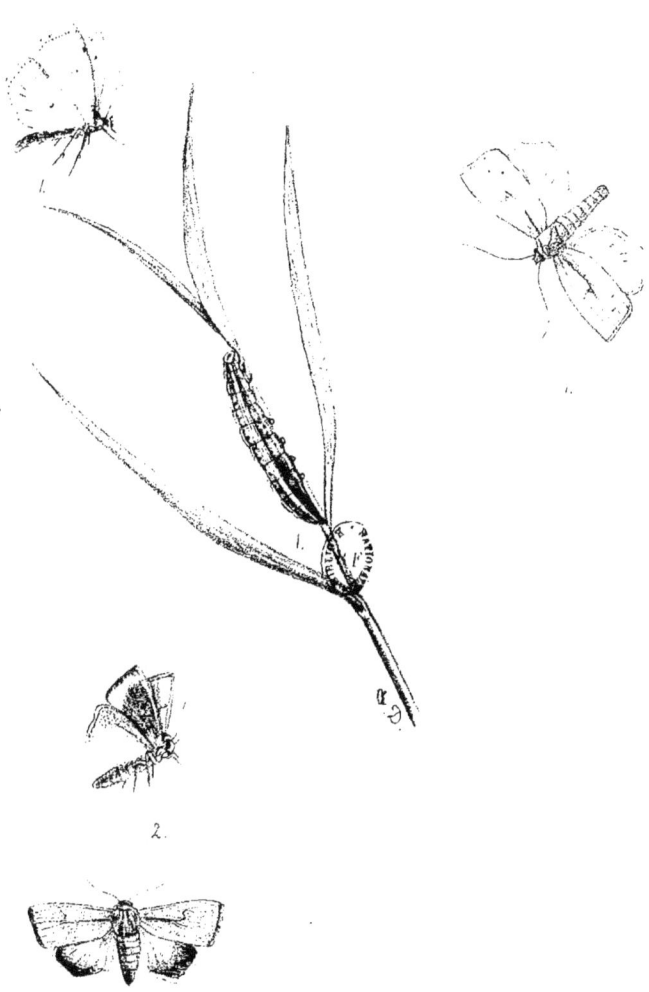

1. Leucanie impure, 2. L. de Graslin.

LEUCANIE IMPURE
LEUCANIA IMPURA, Hubn.

Hubn. pl. 85, f. 396. — Treits. V, 2, p. 294. — Herr. Schäf. pp. 319-20. — Gn. I, p 92. — ? Dup. VII, pl. 105, f. 3. — Ann. Soc. Ent. B. I, p. 94. — Spey. Geogr. Verb. II, p. 63. — Staud. Cat. p. 108, n° 1502.
Noctua impura, Hb. — N. fuliginosa et punctina, Haw. — Leucania impura, Treits. L. punctina, Step. — L. fuliginosa, Sam.

Cette noctuelle est généralement répandue depuis l'Angleterre jusqu'aux monts Ourals, et depuis le 61° jusqu'au 44°. Elle est commune en Belgique ; on l'a également observée dans les provinces de l'Amour.

On trouve les chenilles sur des graminées et des carex: on rencontre en avril et mai celles de la première génération et en juillet celles de la seconde. Les métamorphoses ont lieu dans la terre à l'intérieur d'un léger cocon.

L'insecte parfait vole en juin et en septembre ; on le rencontre dans les prairies après le coucher du soleil.

LEUCANIE DE GRASLIN
LEUCANIA ALBIVENA, Grasl.

Grasl. Ann. Soc. ent. Fr. 1852, p. 409, pl. 8. I, f 1. — Ann. Soc. ent. B. VI, p. 171 ; XIII, p. 37; XIV, p. 35. — Staud. Cat p. 108, n° 1509.

Cette leucanie a été découverte en France par M. De Graslin, qui reconnut en elle une espèce nouvelle pour la science; depuis, elle a été prise plusieurs fois en Belgique, et ces deux pays paraissent les seuls où cette espèce ait été observée jusqu'ici.

M. De Graslin dit que le seul individu qu'il possède (une femelle) provient d'une chrysalide trouvée par lui en 1850 dans le sable, à un kilomètre de la mer, dans le département de la Vendée; cette chrysalide était renfermée dans une coque assez dure, formée de grains de sable. L'insecte parfait en est sorti le 24 août.

Cette rare noctuelle a été prise à Louvain par M. Colbeau, à Hastière près de Dinant par M. Weinmann en 1870, et le Dr Breyer en prit un exemplaire dans la même localité et vers la même époque, le 1er juin 1871. C'est donc du 20 mai à la fin août que cette espèce paraît voler.

La fig. de notre pl. est faite d'après un spécimen pris en Belgique.

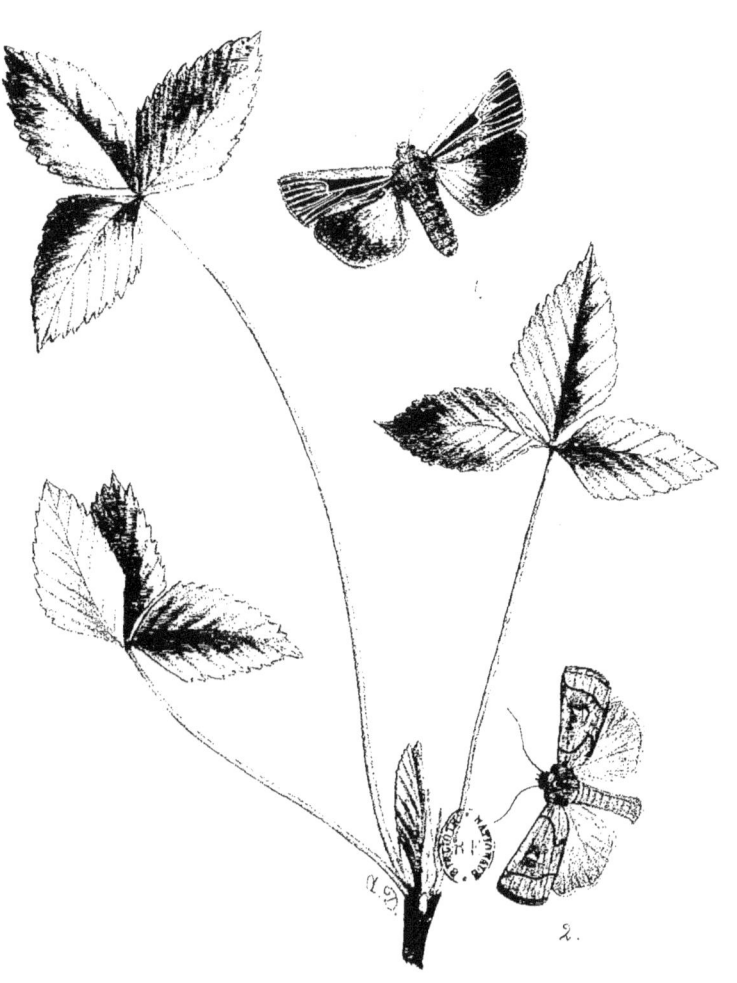

1. Leucanie comma, 2 L. Conigère.

LEUCANIE COMMA

LEUCANIA COMMA, Lin.

Lin. S. N. XII, p. 850. — Esp. pl. 90, f. 2. — Hubn. f. 618. — Treits. V, 2, p. 302. — Dup. VII, pl. 105, f. 3 et 106, f. 1. — Frey. N. Beitr. pl. 406. f. 2. — Ann. Soc. ent. B. I, p. 94. — Spey. Geogr. verb. II, p. 65. — Staud. Cat. p. 109, n° 1517.
Phalæna comma, L. — Noctua comma, Fab. — N. turbida et congener, Hb. — N. pallens, Esp. — N. impura, Dup. — Leucania comma, Treits.

Cette noctuelle est répandue, entre le 40° et le 61°, depuis l'Angleterre jusqu'aux monts Altaï ; on l'observe également en Asie Mineure et en Arménie ; elle est rare en Belgique où on l'observe particulièrement sur les frontières orientales.

On trouve la chenille en deux générations, au printemps et en automne, sur des rumex, des graminées et autres plantes croissant dans les prairies humides.

L'insecte parfait vole au crépuscule en mai, juin, août et septembre.

LEUCANIE CONIGÈRE

LEUCANIA CONIGERA, Sch.

Sch. Syst. verz. p. 84. — Hb. f 222. — Esp. pl. 123, f. 5. — Treits. V. 2, p. 190. — Dup. VII. pl. 104, f. 3. — Gn. I, p. 72. — Ann. Soc. ent. B. I, p. 94. — Spey. Geogr. verb. II, p. 66. — Staud. Cat. p. 109, n° 1522.
Noctua conigera, Sch. — N. floccida, Esp. — Mythimna conigera, Treits. — Leucania conigera, Boisd.

Cette leucanie a la même distribution géographique que la précédente, mais elle monte au nord jusqu'au 62°. Elle est rare en Belgique.

La chenille hiverne ; on la retrouve au printemps jusqu'en mai sur les fraisiers, les pâquerettes *(Bellis perennis)* et autres plantes herbacées.

L'insecte apparaît en juin et juillet, et il vole dans la soirée sur les fleurs des prés et surtout sur les centaurées.

1. Leucanie littorale, 2. L. point blanc.
sur l'Origan.

LEUCANIE LITTORALE
LEUCANIA LITTORALIS, Curt.

Curt. Br. Ent. IV, pl. 157. — Step. H. III, p. 74. — Frey. N. Beitr. pl. 603, f. 2. — Ann. Soc. ent. B. I, p. 94. — Staud. Cat. p. 109, n° 1526.
Noctua litoralis, Frey.

Cette noctuelle habite l'Angleterre, les côtes occidentales et méridionales de la France et la Belgique ; elle est rare dans notre pays, où elle a été prise sur les côtes de la mer et en Campine.

La chenille est inconnue. L'insecte parfait vole en juillet.

LEUCANIE POINT BLANC
LEUCANIA ALBIPUNCTA, Sch.

Schiff. S. V. p. 84. — Hb. f. 223. — Treits. V, 2, p. 187. — Boisd. Ind. p. 131. — Ann. Soc. Ent. B. I, p. 94. — Spey. Geogr. Verb. II, p. 67. — Staud. Cat. p. 109, n° 1532.
Noctua albipuncta, Sch. — Mythimna albipuncta, Treits. — Leucania albipuncta, Boisd.

Cette espèce est rare en Suède et dans le nord de l'Allemagne, mais elle est assez commune dans la partie méridionale de ce pays, ainsi qu'en Hollande, en Belgique, en France, dans le nord de l'Italie, en Espagne, en Sardaigne, en Corse et dans le sud de la Russie jusqu'aux monts Altaï et l'Asie mineure.

La chenille hiverne et elle se métamorphose dans la terre au commencement de mai. Elle se nourrit de graminées à feuilles molles, de plantain, d'origan *(Origanum vulgare)*, de valériane *(Valeriana officinalis)*, etc., et se tient cachée pendant le jour sous les plantes basses et les touffes d'herbes ; on la trouve le plus souvent dans les champs et les lieux humides.

L'insecte parfait éclôt en juin, et se montre une seconde fois en août et septembre.

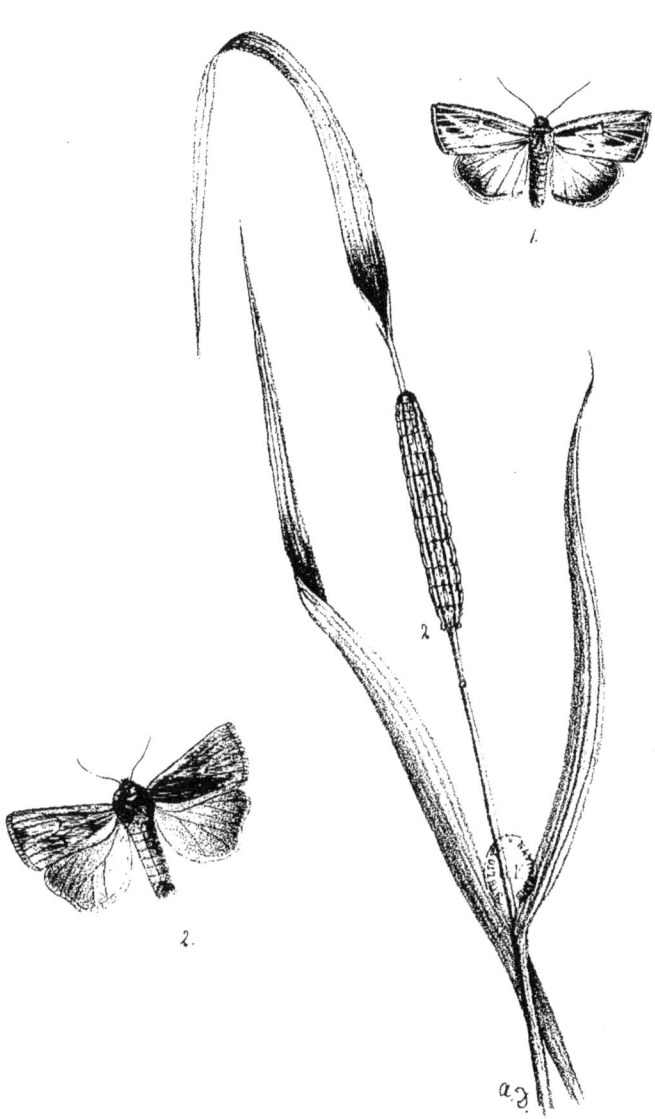

1. Leucanie L. blanche, 2. L. argentée.

LEUCANIE L BLANCHE
LEUCANIA L ALBUM, Lin.

Lin. S. N. XII. p. 850. — Esp. pl. 90, f. 3, 4. — Hb. f. 227. — Treits. V, 2, p. 306. — Dup. VII, pl. 105, f. 2. — Ann. Soc. ent. B. I, p. 94. — Spey. Geogr. verb II, p. 67.— Staud. Cat. p. 109. n° 1530.
Noctua l. album, L. — Leucania l album, Treits.

Cette leucanie est répandue dans l'Europe centrale et méridionale, sauf en Angleterre et en Hollande ; on la rencontre également en Asie mineure et en Arménie ; elle est assez rare en Belgique.

On trouve les chenilles en deux générations sur des graminées, des rumex, ainsi que sur les plantains ; elles se métamorphosent à terre à l'intérieur d'un léger tissu. La noctuelle vole en mai et une seconde fois à la fin de juillet jusqu'en septembre.

LEUCANIE ARGENTÉE
LEUCANIA LYTHARGYRIA, Esp.

Esp. pl. 124, f. 6 — Hb. f. 225. — Treits. V. 2, p. 183. — Dup. III, pl. 41. f. 6; VII, pl. 107, f. 1. — Boisd. Gen. p. 132. — Rbr. Cat. s. and. pl. 8, f. 2. — Ann. Soc. ent. B. I, p. 94. Spey. G. V. II, p. 67 — Staud. Cat. p. 109, n° 1533.
Noctua lythargyria, Esp. — Mythimna lythargyria, Treits. — Leucania lythargyria et anargyria, Boisd. — *Var.* : Argyritis, Rbr.

La leucanie argentée habite toute l'Europe sauf la région boréale et la Grèce ; on l'observe également en Asie mineure, en Syrie et en Arménie. Elle est assez commune en Belgique.

La var. *Argyritis* habite le midi de la France, la Sicile, la Dalmatie et la Syrie.

La chenille éclôt en automne, passe l'hiver presque sans manger, grossit rapidement dès les premiers jours du printemps et a toute sa taille en avril ; les chenilles de la seconde génération se montrent dans le courant de l'été. On les trouve dans les bois au milieu des touffes de graminés, particulièrement des *Bromus pinnatus*, *Calamagrostis epigeios*, etc. Elles se métamorphosent en terre dans une petite cavité. La noctuelle vole en mai et juin, et plus tard en août et septembre.

Leucanie turque.

LEUCANIE TURQUE

LEUCANIA TURCA, Lin.

DINSENGRAS — EULE.

Lin. Syst. Nat. XII, p. 847. — Esp. Schm. Eur. pl. 122, f. 5-6. — Hubn. Noct. f. 218. — Treits. Schm. Eur. V, 2, p. 181. — Dup. Lep. de Fr. VI, pl. 104, f. 1. — Frey. N. Beitr. pl. 122. — Ann. Soc. ent. B. I, p. 93. — Spey. Geogr. verb. II, p. 68; 290. — Staud. Cat. p. 110, n° 1535.

Phalæna turca, Lin. — Noctua turca, Esp. — Mythimna turca, Treits. — Leucania turca, Ochs.

La leucanie turque habite l'Europe centrale et méridionale entre le 56° et le 40°; on la rencontre depuis l'Angleterre jusqu'à l'Oural, ainsi qu'en Sardaigne et en Corse. Elle est très-rare en Belgique, où elle a été prise pour la première fois près de Huy par M. de Francquen.

La chenille vit au printemps sur plusieurs graminées et se tient cachée à terre pendant le jour. Elle se métamorphose en mai ou en juin, dans un léger tissu caché dans la terre.

La noctuelle vole en juillet.

Grammésie évidente

GRAMMÉSIE ÉVIDENTE

GRAMMESIA TRIGRAMMICA, Hufn.

THE TREBLE LINES — DREYGESTRICHTE EULE.

Hufn. Berl. Mag. III, p. 408. — Fab. Syst. ent. p. 594. — Schiff. Syst. Verz., p. 84. — Step. H. II, p. 152. — Thunb. Diss. Ent. 1, p. 2, f. 2. — Gmel. S. N. 1, 5. — Hb. Noct. f. 216. — Haw. L. B. 249. — Treits. Schm. Eur. V, 2, p. 272. — Dup. VII, pl. 107, f. 2. — Frey. N. Beitr. pl. 226. — Led. Noct. pp. 37, 103. — Spey. Geogr. verb. II, p. 75. — Ann. Soc. ent. B. I, p. 95; XIII, p. 36. — Staud. Cat. p. 110, n° 1538.

Phalæna trigrammica, Hufn. (1769). — Noctua quercus, Fab. (1775). — N. trilinea, Sch. (1776). — N. evidens, Thb. — N. quercicola, Fab. — N. trilinearia, Haw. — Grammesia trilinea, Step. — G. trigrammica, Led. — Caradrina trilinea, Treits. — *Var.* : Bilinea, Hb. ⇒ Grammesia bilinea, Step. = Caradrina bilinea, Cur.

Cette noctuelle habite l'Angleterre et toute l'Europe centrale, à partir du Sud de la Suède et du Danemark, jusqu'au Piémont au midi et la Turquie à l'Est, mais elle n'est nulle part commune. La var. *Bilinea* a été observée en Angleterre, dans le midi de l'Allemagne, en Hongrie, en France et en Belgique, où elle a été prise dans les environs de Bruxelles par M. Weinmann.

La chenille vit sur les plantains en avril et en mai ; pendant le jour elle se tient cachée à terre sous des feuilles. La chrysalidation a lieu à la fin de mai et l'insecte parfait vole en juin et en juillet. On l'observe le soir dans les clairières des bois.

Caradrine incertaine.

CARADRINE INCERTAINE

CARADRINA MORPHEUS, Hufn.

THE MOTTLED RUSTIC.

Hufn. Berl. Mag. III, p. 302. — Hubn. Noct. f. 161. — Treits. Schm. Eur. V, 2, p. 249. — Dup. VI, pl. 57 f. 5.—Sepp, Ned. Ins. IV, pl. 34. — Boisd. Ind. p. 137.—Spey. Geogr. Verb. II, p. 73. — Ann. Soc. ent. B. I, p. 96. — Staud. Cat. p. 110, n° 1545.

Phalæna morpheus, Hufn. — Noctua morpheus, Göt. — N. sepii, Hb. — Caradrina morpheus, Treits. — C. sepii, Step.

La caradrine incertaine est répandue dans toute l'Europe centrale et septentrionale jusqu'au 62°, depuis l'Angleterre jusqu'au monts Ourals; elle est rare en Belgique et très rare en France.

On trouve la chenille en automne sur les liserons *(Convolvulus)* et, d'après Sepp, sur le chardon *(Dipsacus sylvestris)* et le lupin *(Lupinus perennis)*. Elle a toute sa taille à la fin d'octobre ou en novembre; elle hiverne à terre sous des feuilles mortes et dans un léger cocon. Les transformations n'ont lieu qu'au printemps et la noctuelle prend son essor en juin.

La rareté de la chenille nous a obligé à reproduire celle figurée dans le bel ouvrage de Sepp.

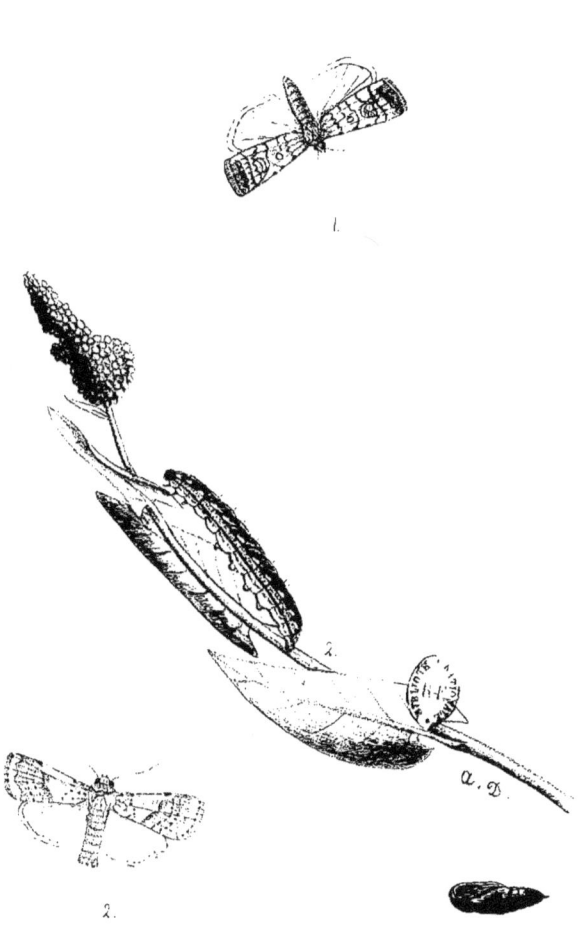

1. Caradrine fâcheuse. 2. C. arrosée.

CARADRINE FACHEUSE
CARADRINA QUADRIPUNCTATA, Fab.

Fab. Syst. ent. p. 594. — Rott. Naturf. IX, p. 138. — Schiff. Syst. Verz., p. 72. — Esp. pl. 150, f. 4, 5. — Hb. f. 417. — Treits, V, 2, p. 251. — Dup. VI, pl. 76, f. 1. — Ann. Soc. ent. B. I, p. 96. — Staud. Cat. p. 111, n° 1549. — Kretsch. Berl. E. Z. 1863, p. 432, pl. 2, f. 7. — Ev. Bull. M. 1848, III, p. 215; 1855, IV, p. 324. — Led. Z. B. V, 1855, p. 22.
Noctua quadripunctata, Fab. (1775). — N. cubicularis, Sch.(1776). — N. segetum, Esp. — Phalæna grisea, Hufn. — Caradrina cubicularis, Treits. — C. quadripunctata, Stg. — *Var.* : Menetriesii, Kr. = Cinerascens, Tgstr. — Grisea, Ev. — Congesta, Led.

Cette caradrine habite toute l'Europe jusqu'au 62°, ainsi qu'une grande partie de l'Asie; elle est commune en Belgique. La var. *Menetriesi*, est propre à la Russie; la var. *Grisea* s'observe dans l'Oural et dans la Sibérie orientale; la var. *Congesta* habite l'Altaï.

La chenille vit en avril et mai sur le mouron, les stellaires, etc., et se métamorphose à terre. L'insecte vole à la fin de juillet et en août.

CARADRINE ARROSÉE
CARADRINA RESPERSA, Sch.

Sch. S. V. p. 314. — Hb. f. 164. — Treits. V, 2, p. 269. — Dup. VI, pl. 77, f. 5. — Frey. N. Beitr. pl. 94. — Ann. Soc. ent. B. I, p. 95. — Spey. Geogr. Verb. II, p. 73. — Staud. Cat p. 111, n° 1562.
Noctua respersa, Sch. — Caradrina respersa, Treits.

La caradrine arrosée habite l'Europe centrale, sauf les îles Britanniques; on la trouve également en Piémont, en Turquie, en Grèce et en Asie Mineure, mais elle est généralement rare partout et très rare en Belgique, où elle a été prise à Huy, à Laroche, etc.

La chenille fait son apparition en automne et hiverne; on la retrouve en avril et mai sur le rumex aquatique *(Rumex aquaticus)* et sur les plantains. La noctuelle vole en juillet.

Nous donnons la reproduction de la chenille figurée par Freyer.

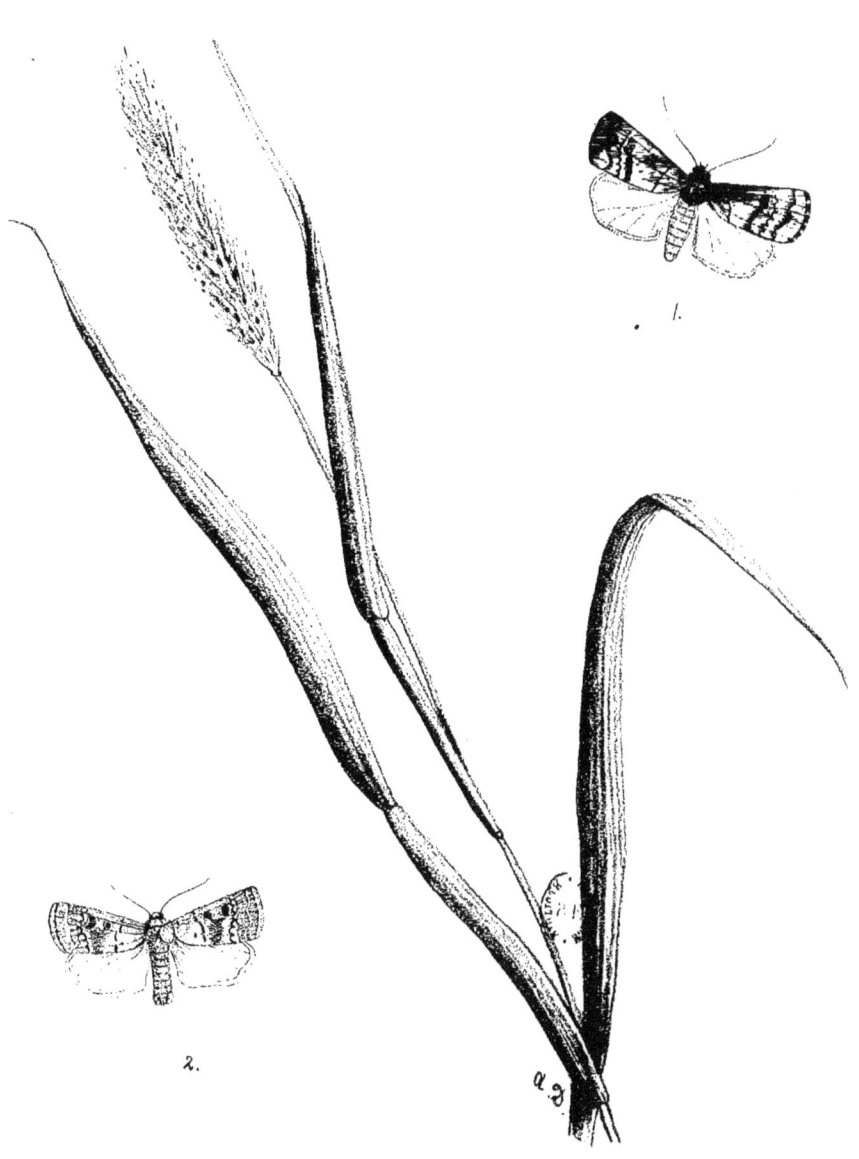

1. Caradrine alsine. 2. C. du plantain.

CARADRINE ALSINE

CARADRINA ALSINES, Brahm.

Brahm, Ins. Kal. II, p. 114. — Hb. f. 577. — Treits. V, 2, p 266. — Led. Noct. p. 226. — Ann. Soc. ent. B. I, p. 95. — Spey. Geogr. verb. II, p 72. — Staud. Cat. p. 111, n° 1564.
Noctua alsines, Brh. — Caradrina alsines, Treits.

Cette espèce est généralement répandue entre le 60° et le 45°, depuis l'Angleterre jusqu'aux monts Altaï; on la rencontre aussi bien dans les plaines que dans les montagnes. Elle est assez commune en Belgique.

La chenille hiverne; on la trouve en automne et au printemps sur des graminées, les plantains et autres plantes basses croissant sur les talus des chemins creux. Elle se chrysalide en mai, et l'insecte parfait vole en juin dans les jardins et les endroits herbeux.

CARADRINE DU PLANTAIN

CARADRINA AMBIGUA, Sch.

Schiff. S. V. p. 77. — Hb. f. 176. — Treits. V, 2, p. 262. — Dup. VI, pl. 76, f. 2. — Led. Noct. p. 226. — Ann. Soc. Ent. B. I, p. 95. — Spey. Geogr. Verb. II, p. 71. — Staud. Cat. p. 112, n° 1564.
Noctua ambigua, Sch. — N. plantaginis, Hb. — Caradrina plantaginis, Boisd. — C. ambigua, Treits.

Cette noctuelle habite l'Europe centrale et méridionale; elle manque à la faune entomologique de l'Angleterre et de la Hollande, et n'a été prise que quelquefois en Belgique; elle est commune dans le Sud-Ouest de l'Europe.

La chenille hiverne et se métamorphose à la fin de mai à l'intérieur d'un léger tissu caché dans la mousse ou entre des feuilles. La caradrine vole en juillet.

1.Caradrine résistante, 2.C.du pissenlit.

CARADRINE RÉSISTANTE
CARADRINA SUPERSTES, Treit.

Treits, V, 2, p. 260. — Hb. f. 162.—Frey. N. Beitr. pl. 190.—Spey. Geogr. verb. II, p. 72. — Ann. Soc. ent. B. I, p. 93. — Staud. Cat. p. 111, n° 1566.
Noctua blanda, Hb. — Caradrina superstes, Treits.

Cette espèce a été observée dans le midi de la Russie, en Hongrie, en Autriche, dans plusieurs parties de l'Allemagne, de la Suisse, de la Belgique, de la France, de l'Italie et de l'Espagne, mais elle est rare partout; chez nous elle a été prise près de Louvain et de Huy.

La chenille vit en mai et en juin sur le plantain et autres plantes basses, mais elle se tient cachée pendant le jour. L'insecte parfait vole en juillet de la même année.

Nous figurons la chenille d'après Freyer.

CARADRINE DU PISSENLIT
CARADRINA TARAXACI, Hb.

Hb. pl. 125, f. 575. — Schiff. S. V. p. 77. — Treits. V, 2, p. 264. — Dup. VI, pl. 75, f 4. — Led. Noct. p. 37.—Ann. Soc. ent. B. I, p. 175. —Spey. Geogr. verb. II, p. 71. — Staud. Cat. p. 112, n° 1568.
Noctua taraxaci, Hb. — N. blanda, Sch. — Caradrina blanda, Treits. — C. taraxaci, Led. — C. plantaginis, Westw.

Cette caradrine habite les plaines et les montagnes de l'Europe tempérée, depuis le Sud de la Suède jusqu'aux Pyrénées, et depuis l'Angleterre jusqu'aux monts Altaï; on la rencontre également en Asie Mineure. Elle est très rare en Belgique, où elle a été prise pour la première fois par M. C. De Fré, dans les environs de Louvain.

On trouve la chenille en automne sur les plantains, le pissenlit, etc.; elle hiverne et se métamorphose dans la terre à la fin de mai. L'insecte parfait vole en juillet.

1. Caradrine uligineuse. 2. C. de Duponchel.

CARADRINE ULIGINEUSE
CARADRINA GLUTEOSA, Treit.

Treits. X, 2, p. 80. — Boisd. IND, p. 138. — GN. I, p. 243. — Led. NOCT. pp. 37,133. — Spey. GEOGR. VERB. II, p. 71. — ANN. SOC. ENT. B. VIII, p. 273. — Staud. CAT. p. 112, n° 1571.
CARADRINA GLUTEOSA, Treits. — HYDRILLA ULIGINOSA, Boisd.

Cette espèce habite la Valachie, la Hongrie et l'Oural; mais il est probable que son aire géographique est plus étendue, car M. E. Fologne dit en avoir pris plusieurs exemplaires au vol dans la soirée du 24 juillet 1864, au bas du versant boisé de la montagne de Han-sur-Lesse (Belgique).

D'après O. Wilde, on trouverait la chenille en automne et elle passerait l'hiver dans la mousse; les métamorphoses se feraient en mars et l'insecte prendrait son essort en mai. D'après ce qui précède, la durée du vol serait donc de mai à la fin de juillet.

CARADRINE DE DUPONCHEL
CARADRINA ARCUOSA, Haw.

Haw. LEP. BR. p. 260. — Boisd. IND. p. 116. — Dup. III, pl. 28. f. 4. — Frey. N. BEITR. pl. 162, f. 1-3. — Led. NOCT. p. 38. — Spey. G. V. II, p. 75. — ANN. SOC. ENT. B. VI, p. 171. — Staud. CAT. p. 112, n° 1577.
NOCTUA ARCUOSA, Haw. (1810). — N AIRÆ, Frey. — APAMEA DUPONCHELII. Boisd. (1829). — LAMPETIA ARCUOSA, Hein. — CARADRINA ARCUOSA, Led.

Cette caradrine est plus ou moins répandue dans l'Europe centrale entre le 61° et le 47°, depuis l'Angleterre jusque dans la Russie occidentale. Elle est rare en France et très rare en Belgique, où elle a été prise dans les environs de Bruxelles (E. Fologne) et d'Enghien.

On trouve la chenille sur la canche gazonnante *(Aira cœspitosa)* en mai et au commencement de juin; elle se métamorphose entre les feuilles de la base de la plante, et l'insecte vole vers la fin de juin.

Rusine Ténébreuse
sur la Benoite.

RUSINE TÉNÉBREUSE

RUSINA TENEBROSA, Hub.

THE BROWN FEATHERED RUSTIC. — DUNKELFARBIGE EULE.

Hubn. Noct. pl. 33, f. 158 et 503. — Treits. Eur. Schm. V, 1, p. 180. — Dup. Lep. Fr. VI, pl. 72, f. 1, 2. — Frey. N. Beitr. pl. 40. — Boisd. Ind. p. 100. — Ann. Soc. ent. B. I, p. 78. — Spey. Geogr. verb. II, p. 69. — Staud. Cat. p. 112, n° 1579.

Noctua tenebrosa et N. nigricans, Hb. — Bombyx phæus et N. obsoletissima, Haw. Agrotis tenebrosa, Treits. — Busina ferruginea, Step. — R. tenebrosa, Boisd.

Cette noctuelle est généralement répandue dans l'Europe centrale, depuis l'Angleterre jusqu'aux frontières de l'Asie, mais elle est rare dans la plupart des localités; on la rencontre, entre le 60° et le 23°, dans les plaines aussi bien que dans les montagnes. Elle est assez rare en Belgique.

La chenille hiverne après avoir atteint toute sa taille ; on la trouve en octobre et en novembre sur la benoîte *(Geum)*, le fraisier, la renouée des oiseaux *(Polygonum aviculare)* et autres plantes herbacées. Les métamorphoses s'opèrent dans la terre en mars ou en avril et à l'intérieur d'un cocon formé de matières terreuses.

L'insecte vole en juillet.

Amphipire triponctué

AMPHIPIRE TRIPONCTUÉ

AMPHIPYRA TRAGOPOGONIS, Lin.

THE MOUSE. — BOCKSBARTEULE.

Lin. S. N. XII, p. 855. — Esp. Schm. pl. 170, f. 1. 2. — Hubn. Noct. pl. 8, f. 40. — Treits. Schm. Eur., V, 1, p. 277. — God. Lep. Fr. V, pl. 57, f 3. — Sepp, Ned. Ins. VII, pl. 13. — Ann. Soc. Ent. B. I, p. 77. — Spey. Geogr. verb. II, p. 224 — Staud. Cat. p. 112, n° 1583.

Phalæna tragopogonis, Lin. — Noctua tragopogonis, Hb. — Pyrophila tragopogonis, Step. — Scotophila tragopogonis, Boisd. — Amphipyra tragopogonis, Treits. — A. tragopoginis, Stg. — *Var.:* Tetra, Haw.

Cette noctuelle est généralement commune dans toute l'Europe et on la rencontre même dans la région subalpine. Son aire de dispersion s'étend, entre le 30° et le 62°, depuis l'Angleterre jusqu'aux monts Altaï. En Belgique elle est assez commune dans beaucoup de localités.

On trouve la chenille en mai et en juin sur les salsifis *(Tragopogon pratense et porrifolium)*, la serratule des champs *(Cirsium arvense)*, l'épinard *(Spinacia oleracea)*, l'oseille *(Rumex)*, la dauphinelle *(Delphinium consolida)*, etc. La chrysalidation a lieu sur le sol à l'intérieur d'un léger cocon.

L'insecte parfait vole en juillet et en août.

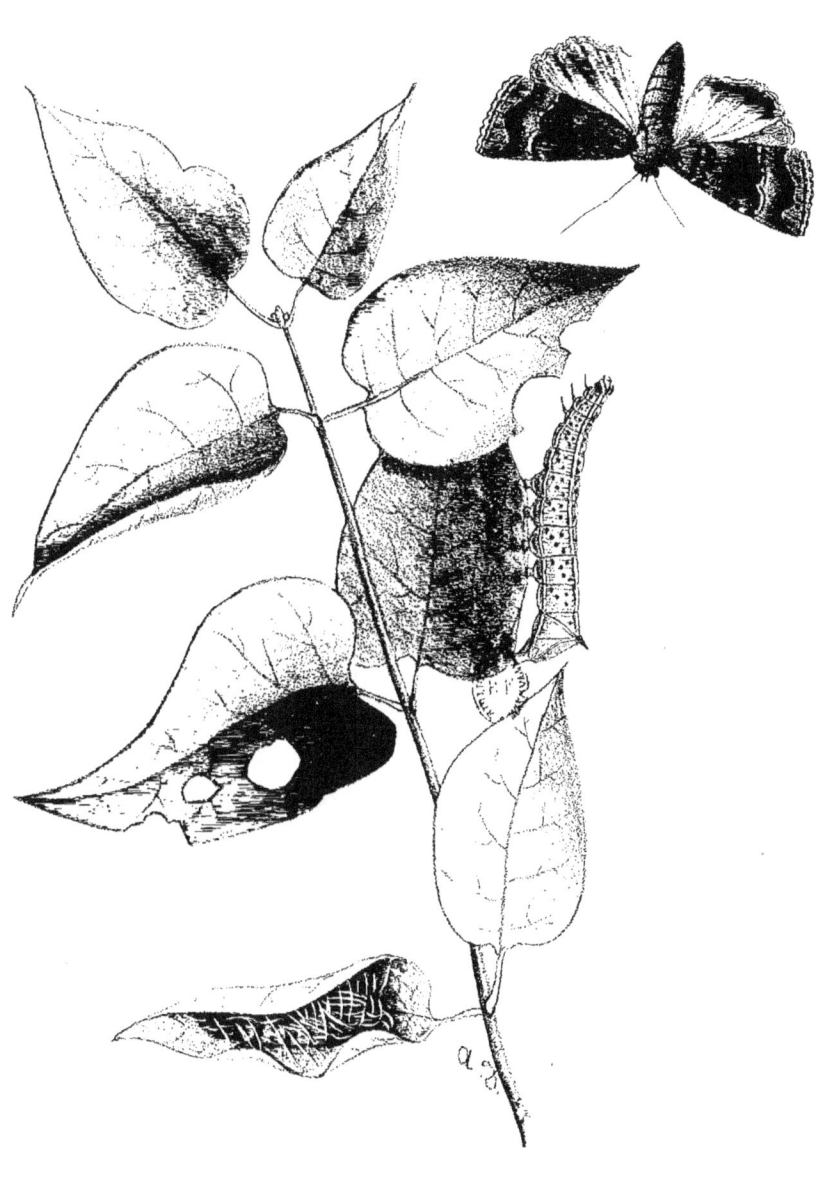

Amphipyre du noisetier.

AMPHIPYRE DU NOISETIER

AMPHIPYRA PYRAMIDEA, Lin.

THE COPPER UNDERWING. — NUSSBAUM-EULE

Lin. S. N. X. p. 518; XII, p. 856. — Esp. Schm. pl. 171, f 1-3. — Hubn. Noct. f. 36. — Treits. Schm. Eur. V, 1, p. 285. — God. Lep. de Fr V, pl. 56, f. 4. — Sepp, Ned ins. VII, pl. 16. — Ann. Soc. ent. B I, p. 77. — Spey. Geogr. verb. II, p 222 — Staud. Cat. p 113 n° 1586.

Phalæna pyramidea. Lin. — Noctua pyramidea, Hb — Amphipyra pyramidea, Treits.

Ce lépidoptère habite l'Europe centrale et méridionale, depuis l'Angleterre et l'Espagne jusqu'aux monts Ourals ; le sud de la Suède (60°) forme sa limite septentrionale. On l'observe également dans la partie Sud-ouest de l'Asie-Mineure, en Arménie et dans les provinces de l'Amour. Il est assez répandu en Belgique.

Les chenilles éclosent en automne et hivernent après la seconde mue; on les retrouve dans toute leur taille en mai et en juin sur le chêne, le noyer, le noisetier, l'orme, les peupliers, les pruniers, le prunellier, le troène, les groseillers, les lilas, les chèvres-feuilles, l'aubepine, etc. Les métamorphoses ont lieu entre des feuilles dans un léger cocon.

L'insecte parfait vole en juillet sur la lisière des bois et dans les jardins.

Amphipyre dentelé.

AMPHIPYRE DENTELÉ

AMPHIPYRA PERFLUA, Fab.

RAINWEIDENEULE.

Fab. Mant. ins. p. 179. — Borkh. Eur. Schm. IV. p. 577. — Esp. Schm. pl. 192, f. 2. — Hubn. Noct. f. 35 ; Beitr. I, 3, pl. 2, M. — Treits. Schm. Eur. V, 1, p. 289. — God. Lep. de Fr. V, pl. 56, f. 3. — Frey. Beitr. pl. 23 — Ann. Soc. Ent. B. I, p. 77. — Spey. Geogr. Verb. II, p. 223. — Staud. Cat. p. 113, n° 1588.

Noctua perflua, Fab. — N. pyramidea, Hb. — N. pyramidina, Esp. — Amphipyra perflua, Treits.

Cette noctuelle a été observée dans le Sud de la Suède, en Danemark, en Livonie, dans la Russie centrale, dans l'Oural, en Allemagne, dans le nord de la France, dans les monts Altaï et dans les provinces de l'Amour. Elle est très-rare en Belgique : M. de Francken l'a trouvée pour la première fois dans les environs de Huy.

On trouve la chenille en mai et en juin sur les peupliers, l'orme, le hêtre, etc., elle se chrysalide à l'intérieur d'un cocon de couleur brune.

L'insecte vole dans les bois en août.

Téniocampe gothique. 2. T. peinte.

TÉNIOCAMPE GOTHIQUE
TÆNIOCAMPA GOTHICA, Lin.

Lin. S. N. X, p. 515; F. S. p. 316. — Esp. pl. 76, f. 1, 2. — Hb. f. 112.—Treits. V, 1, p. 233. — God. V, pl. 61, f. 2. — Frey. N. Beitr. pl. 17. — Sepp, III, pl. 40. — Gn. I, p. 347. — Step. Cat. B. L. p. 73. — Ann. Soc. Ent. B. I, p. 96. — Spey. Geogr. Verb. II, p. 76. — Staud. Cat. p. 113, n° 1593.

Phalæna gothica, L. — Bombyx gothica, Esp. — Noctua gothica, Bkh. — N. nun atrum, Sch. — Semiophora gothica, Step. — Orthosia gothica, Boisd. — Tæniocampa gothica, Guén. — *Var.* : Gothicina, HS.

Habite l'Europe septentrionale et centrale, l'Angleterre, le Piémont, la Catalogne, la Turquie, l'Oural et l'Altaï ; peu commune en Belgique. La var. *Gothicina* a été vue en Finlande et en Laponie.

On trouve la chenille en mai et en juin sur les genêts, les gaillets, le plantain, le chêne, etc. La noctuelle apparait en mars ou avril de l'année suivante, et vole ordinairement autour des châtons de saule marceau.

TÉNIOCAMPE PEINTE
TÆNIOCAMPA MINIOSA, Schiff.

Schiff. Syst. Verz. p. 88. — Esp. III, pl. 75, f. 3, 4. — Hubn. f. 174.— Treits, V, 2, p. 228. — Dup. VI, pl. 81, f. 6. — Frey. N. Beitr. pl. 340. — Boisd. Ind. p. 142. — Led. Noct. p. 38. — Ann. Soc. ent. B. I, p. 98. — Spey. Geogr. verb. II, p. 77. — Staud. Cat. p. 113, n° 1596.

Noctua miniosa, Sch. — N. rubricosa, Esp. — N. serratina, Haw. — Orthosia miniosa, Treits. — Tæniocampa miniosa, Led.

Cette espèce est répandue dans toute l'Europe, depuis l'Angleterre jusqu'au Volga, et depuis le 44° jusqu'au 60° ; elle est rare en Belgique.

On trouve la chenille en mai sur le chêne, le bouleau et sur certains saules. La chrysalidation a lieu dans un cocon terreux et l'insecte parfait vole, comme le précédent, en mars et en avril de l'année suivante.

1. Téniocampe ambigue. 2. T. du peuplier.

TÉNIOCAMPE AMBIGUE

TÆNIOCAMPA CRUDA, Schiff.

Schiff. S. V. p. 77. — Esp. III, pl. 76, f. 5 et 6. — Hb. pl. 36, f. 173. — Treits. V, 2, p. 230. — Dup. VII, pl. 76. f. 3. — Frey. N. Beitr. pl. 341. — Ann. Soc. ent. B. I, p. 98. — Spey. Geogr. verb. II, p. 71. — Staud. Cat. p. 113, n° 1597.
Noctua cruda, Sch. (1776). — N. pulverulenta, Esp. (1785). — N. ambigua, Hb. (1799). — Bombyx nanus et Noct. pusilla, Haw. — Orthosia cruda, Treits. — O. pusilla, Step. — Tæniocampa pulverulenta, Stg.

Cette espèce habite toute l'Europe centrale et méridionale à partir du Sud de la Suède et de la Livonie. Elle est assez rare en Belgique.

On trouve la chenille en mai sur le chêne. Sa coloration est tantôt verte, tantôt d'un gris bleuâtre ou brunâtre, mais la disposition des taches et des lignes ne varie pas.

L'insecte parfait vole en mars et en avril.

TÉNIOCAMPE DU PEUPLIER

TÆNIOCAMPA POPULETI, Fab.

Fab. Ent. S. III, 1. p. 476. — Esp. IV, pl. 52, f. 7. — Treits. V, 2, p. 221. — Dup. III, pl. 29. f. 1. — Frey. N. Beitr pl. 95, f. 2. — Haw. L. B. 121. — Ann. Soc. ent. B. I, p. 176. — Spey. Geogr. verb. II, p. 77. — Staud. Cat. p. 113, n° 1598.
Bombyx populeti, Fab. — B. donasa, Esp. — B. subplumbeus, Haw. — Orthosia populeti, Treits. — O. gracilis, Step. (nec Schiff.). — O. ocularis, Frey. — Tæniocampa populeti, Gn.

Ce lépidoptère est plus ou moins répandu dans l'Europe centrale, entre le 60° et le 46°, depuis l'Angleterre jusqu'au Volga, mais il ne se trouve pas en Suède. Cette espèce est très rare en Belgique ; elle a été trouvée pour la première fois par M. E. Fologne dans le bois de la Cambre.

On trouve la chenille en mai sur les peupliers, mais elle se tient cachée entre des feuilles. Elle se métamorphose dans la terre, et l'insecte parfait vole en mars et en avril de l'année suivante.

1. Téniocampe constante, 2. T. grêle.

TÉNIOCAMPE CONSTANTE
TÆNIOCAMPA STABILIS, Schiff.

Schiff. Wien. Verz. p. 76. — Hb. pl. 36, f. 171. — Treits. Schm. Eur. V, 2, p. 223 — Dup. VI, pl. 81, f. 2. — Sepp, Nederl. ins. VI, pl. 46. — Frey. N. Beitr. pl. 316. — Haw. Lep. Br. p. 123. — Ann. Soc. ent. B. I, p. 98. — Spey. Geogr. verb. II. p. 78. — Staud. Cat. p. 113, n° 1599.
Noctua stabilis, Sch. — N. rufannulata, pallida et Bombyx junctus, Haw. — Orthosia stabilis, Treits. — Tæniocampa stabilis, Gn.

Cette espèce est généralement répandue dans l'Europe centrale et méridionale, aussi bien dans les plaines que dans les montagnes. Au nord on la rencontre jusqu'au 56°; elle n'existe pas en Scandinavie. En Belgique elle est commune dans beaucoup de localités.

La chenille vit de mai en juillet sur le chêne, le hêtre, le charme et l'orme. Elle se chrysalide à l'intérieur d'un cocon formé de terre.

L'insecte parfait vole en mars et en avril, parfois déjà à la fin de février.

TÉNIOCAMPE GRÊLE
TÆNIOCAMPA GRACILIS, Schiff.

Schiff. W. V. p. 76. — Esp. pl. 156, f. 6. — Hb. f. 168. — Treits. V, 2, p. 217. — Brahm. Ins. Kal. II, p. 270. — Haw. L. B. p. 122. — Step. H. II, p. 147. — Sepp, Ned. Ins. V, pl. 47. — Frey. N. Beitr. pl. 317. — Ann. Soc. ent. B. I, p. 96. — Spey. Geogr. verb. II, p. 78. — Staud. Cat. p. 113, n° 1600.
Noctua gracilis, Schiff. — N. collinita, Esp. — Bombyx sparsus, Haw. — Orthosia gracilis, Treits. — O. sparsa et pallida, Step.

Habite l'Europe centrale, l'Angleterre, le sud de la Suède, la Livonie, le midi de la Russie et de la France, ainsi que le Piémont; cette noctuelle est rare en Belgique.

On trouve la chenille sur l'armoise *(Artemisia vulgaris)*, la sanguisorbe *(Sanguisorba officinalis)*, l'achillée *(Achillea millefolium)*, les pruniers sauvages *(Prunus spinosa* et *spirea)*. On la rencontre depuis la mi-juin jusqu'à la fin de juillet. Cette chenille se tient isolément entre des jeunes feuilles, au sommet de la plante, qu'elle réunit par quelques fils.

La chrysalidation a lieu dans la terre à l'intérieur d'une excavation. L'insecte parfait apparaît en mars de l'année suivante et vole jusque vers la fin d'avril.

1.Téniocampe inconstante. 2.T. proprette

TÉNIOCAMPE INCONSTANTE
TÆNIOCAMPA INCERTA, Hufn.

Hufn. Berl. Mag. III, pp. 298 et 424. — Esp. pl. 115, f. 3; 147, f. 4; 151, f. 2. — Hubn. f. 165. — Treits. V, 2, p. 204. — Dup. VI, pl. 81, f. 3. — Frey. N. Beitr. pl. 315 — Haw. Lep. Br. pp. 120, 122.—Ann. Soc. Ent. B. I, p. 97.—Led. Noct. p. 38. — Spey. Geogr. Verb. II, p. 78. — Staud. Cat. p. 113, n° 1602.
Phalæna incerta, Hufn. (1767). — Noctua instabilis, Sch (1776). — N. contacta et trigutta, Esp. — N. nebulosa, Haw. — Orthosia instabilis, Treits. — Tæniocampa incerta, Led. — *Ab.* Fuscata, Haw.

Cette noctuelle est généralement commune entre le 60° et le 40°, depuis l'Angleterre et l'Europe occidentale jusqu'aux monts Altaï ; il paraît même qu'elle a été observée dans l'Amérique du Nord. Elle est commune en Belgique.

La chenille vit depuis le mois de mai jusqu'en juillet sur l'orme, le chêne, le bouleau, le tilleul, etc. L'insecte parfait vole dans les bois et sur les montagnes boisées en mars et en avril.

Cette noctuelle varie du gris au rouge brun, et l'on rencontre tous les passages intermédiaires entre ces deux nuances.

TÉNIOCAMPE PROPRETTE
TÆNIOCAMPA MUNDA, Schiff.

Sch. Syst. verz. p. 76. — Esp. III, pl. 52, f. 5, 6. — Hb. f. 166. — Treits. V, 2, p 208. — Frey. N. Beitr pl. 328. — Dup. VI, pl. 80, f. 3. — Ann. Soc. ent. B. I, p. 97. — Led. Noct. p. 38. — Spey. Geogr. verb. II, p. 79. — Staud. Cat. p. 114. n° 1603.
Noctua munda, Sch. — Bombyx munda, Esp. — Orthosia munda, Treits. — Tæniocampa munda, Led.

Ce lépidoptère habite l'Europe centrale entre le 57° et le 46°, la Livonie et la Russie orientale et méridionale ; il est rare dans certaines contrées, commun dans d'autres ; il est assez rare en Belgique.

La chenille vit en mai et en juin sur l'orme, le chêne, le hêtre, le tilleul, etc.

L'insecte vole en mars et en avril de l'année suivante.

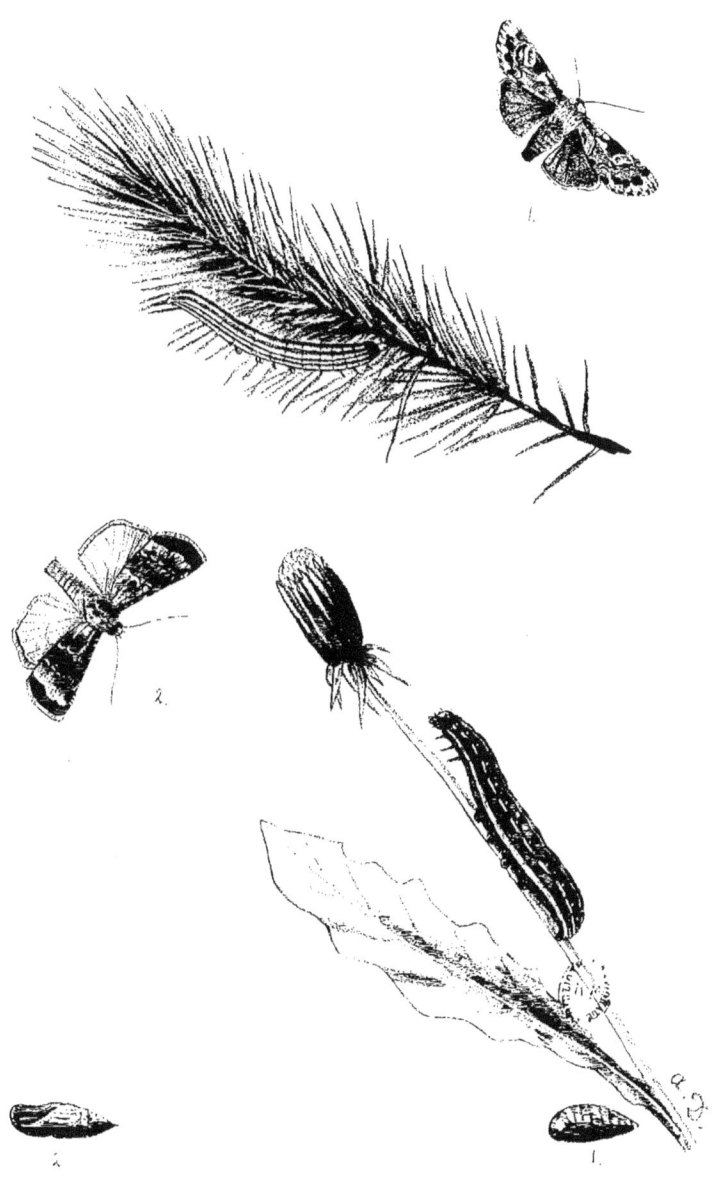

1. Panolis piniphage. 2. Pachnobie érythrocéphale

PANOLIS PINIPHAGE
PANOLIS PINIPERDA, Panz.

Panz. Bescu. Kieferr. pl. 1, f. 1, 2. — Schiff. S. V. p. 87. — Esp. pl. 125, f. 1-3. — Fab. S. E. III, 2, p. 85. — Treits. V, 2, p. 76. — Sepp, Ned. Ins. III, pl. 34.—Dup. VI, pl. 100, f. 2, 3. — Ann. Soc. ent. B. I, p. 98. — Spey. Geogr. Verb. II, p. 76. — Staud. Cat. p. 114, n° 1604.

Noctua piniperda, Panz. (1786). — N. flammea, Sch.. — Bombyx spreta, F. — Trachea piniperda, Treits. — Panolis piniperda, Step.

La panolis piniphage habite l'Europe centrale et septentrionale, sauf la zone boréale; son aire géographique s'étend au sud jusqu'au Piémont et la Russie méridionale; à l'Est elle ne dépasse pas la longitude de Moscou. Elle est assez commune en Belgique.

La chenille vit en société sur les pins *(Pinus)* de juin jusqu'en août, et se chrysalide en septembre dans la mousse à l'intérieur d'un léger tissu.

L'insecte parfait vole à la fin de mars et en avril, et se montre souvent dans la soirée sur les fleurs du saule marceau.

PACHNOBIE ERYTHROCÉPHALE
PACHNOBIA RUBRICOSA, Sch.

Sch. S. V. p. 77.—Brh. Ins. Kal. II, p. 193. — Hb. f. 430,509. — Esp. pl. 148, f. 4 — Treits. V. 2, p. 396. — Dup. VI, pl. 79. f. 4. — Frey. N. Beitr. pl. 117. — Haw. L. B. p. 232. — Ann. Soc. ent. B. I, p. 97.—Spey. Geogr. verb. II, p. 80.—Staud. Cat p. 114, n° 1607.

Noctua rubricosa, Sch. — N. mista, Hb. — N. mucida, Esp. — N. pilicornis, Brh. — Cerastis rubricosa, Treits. — Orthosia rubricosa, Boisd. — Pachnobia rubricosa, Led. — Glæa rubricosa, Step.

Cette espèce habite l'Europe centrale entre le 59° et le 45°, depuis l'Angleterre jusqu'aux côtes orientales de l'Asie; elle est très rare en Belgique.

On trouve la chenille sur les *Rumex* en juin et en juillet; elle se métamorphose dans la terre. La noctuelle vole en mars et en avril.

Dicycle 00

DICYCLE OO

DICYCLA OO, Lin.

THE HEART MOTH. — VIEREICHEN EULE.

Lin. S. N. X, p. 507. — Esp. pl. 71, f. 2-5. — Hb. f. 195. — Treits. V, 1, p. 84. — Dup. VI, pl. 84, f. 2, 3. — Frey. N. Beitr. pl. 149, f. 3 et 454. — Spey. Geogr. verb. II, p. 81. — — Ann. Soc. ent. B. I, p. 74; XIII, p. xxxvii. — Staud. Cat. p. 114, n° 1613.

Bombyx oo, L. — Noctua oo, Sch. — N. ferruginago, Hb. — Cymatophora oo, Treits. — Cleoceris oo, Boisd. — Tethea oo, Led. — Dicycla oo, Gn. — Eugramma oo, Step. — *Var.* : Renago, Haw.

Cette noctuelle est généralement peu répandue. Elle a été observée au nord jusqu'au 60°; elle habite la Scandinavie, la Russie, l'Allemagne, la Hollande, la Suisse, la France, le Piémont, l'Autriche et l'Angleterre. Elle est rare en Belgique où elle a été prise aux environs de Bruxelles, de Mons, de Chimay et de Namur.

La chenille vit sur le chêne depuis la fin de mai jusque dans le courant de juin. Elle se tient cachée dans une feuille pliée et y reste jusqu'à ce que cette feuille soit complètement rongée; alors elle s'en choisit une autre, et ainsi de suite; le pli de la feuille est chaque fois retenu par des fils de soie et forme ainsi un abri convenable à la chenille. Les métamorphoses ont également lieu entre des feuilles.

L'insecte parfait vole en juillet et août.

La chenille de notre planche est la reproduction de celle donnée par Freyer.

Remarque. — C'est probablement par erreur que l'*Hiptelia ochreago* Hb. *(rubecula,* Tr.*)* est indiqué dans les *Annales de la Société entomologique de Belgique* (t. i, p. 99) comme ayant été observé à Louvain. C'est une espèce alpine qui ne peut avoir été prise en Belgique.

CALYMNIE PYRALINE
CALYMNIA PYRALINA, Schiff.

Schiff. W. V. p. 88. — Hb. f. 203. — Esp. pl. 135, f. 4, 5. — Treits. V, 2, p. 392. — Frey. N. Beitr. pl. 129. — Ann. Soc. ent. B. I, p. 99. — Led. Noct. p. 38, 142. — Spey. Geogr. verb. II, p. 84. — Staud. Cat. p. 115, n° 1614.

Noctua pyralina, Sch. — N. corusca, Esp. — Cosmia pyralina, Treits. — Calymnia pyralina, Led.

Cette espèce habite l'Europe centrale, la Livonie, la France, le Piémont et l'Angleterre; elle n'a pas été observée en Scandinavie. Elle est rare en Belgique, où on la rencontre principalement dans le Brabant.

La chenille vit en mai sur les arbres fruitiers : poiriers, pommiers, et pruniers. La chrysalidation a lieu à terre dans un léger tissu. L'insecte vole en juin.

CALYMNIE NACARAT
CALYMNIA DIFFINIS, Lin.

Lin. S. N. xii, p. 848. — Esp. pl. 134, f. 2. — Hb. f. 202; Btr. pl. 1, f. e. — Treits. V, 2, p. 386. — Frey. N. Beitr. pl. 130. — Led. Noct. p. 38, 142. — Ann. Soc. ent. B. I, p. 99. — Spey. Geogr. verb. II, p. 83. — Staud. Cat. p 115. n° 1615.

Phalæna diffinis, L. — Noctua affinis, Hb. — Cosmia diffinis, Treits. — Calymnia diffinis, Led. — *Var.*: Confinis, H. S.

Répandue dans l'Europe centrale depuis l'Angleterre jusqu'au Volga et la Syrie. Au nord on l'observe jusqu'à la latitude de Moscou (56°), au sud jusqu'en Espagne (36°). Elle est également rare en Belgique, où elle a été trouvée dans les mêmes localités que la précédente. La var. *Confinis* est propre à la Turquie, aux steppes de la Russie méridionale, à la Lydie et à la Syrie.

La chenille vit en mai et en juin sur les buissons d'ormes où elle se tient cachée dans des feuilles roulées. Elle se métamorphose à terre dans un léger cocon et la noctuelle vole en juillet.

1. Calymnie analogue. 2. C. trapèze.

CALYMNIE ANALOGUE

CALYMNIA AFFINIS, Lin.

Lin. S. N. xii, p. 848. — Esp. pl. 134, f. 1. — Hb. f. 201. — Treits. V, 2, p. 389. — Dup. VII, pl. 108, f. 5. — Ann. Soc. ent. B. I, p. 99. — Spey. Geogr. Verb. II, p. 83. — Staud. Cat. p. 115, n° 1616.

Phalæna affinis, L. — Noctua affinis, Calymnia affinis, Hb. — Cosmia affinis, Treits.

La calymnie analogue habite l'Europe centrale, le sud de la Suède et de la Russie, le Piémont, la Corse et l'Espagne; son aire de dispersion s'étend, entre le 56° et le 37°, depuis l'Angleterre jusqu'au Volga. Elle est assez répandue en Belgique, surtout dans le Brabant.

La chenille vit, en mai et en juin, entre les feuilles de l'orme; elle se chrysalide dans la terre.

L'insecte vole en juillet.

CALYMNIE TRAPÈZE

CALYMNIA TRAPEZINA, Lin.

Lin. Syst. Nat. X, p. 510. — Kn. Btr. II, p. 51. — Esp. pl. 87, f. 2,3. — Hb. f. 200. — Treits. V. 2, p. 383. — Dup. VII, pl. 108, f. 1-3. — Frey. N. Beitr., pl. 624 — Ann. Soc. ent. B. I, p. 99. — Spey. Geogr. verb. II, p. 83 — Staud. Cat. p. 115, n° 1617.

Phalæna trapezina, L. — Noctua et Calymnia trapezina, Hb. — Cosmia trapezina, Treits. — Euperia trapezina, Step.

Cette espèce est commune dans presque toute l'Europe, depuis l'Angleterre jusqu'à l'Oural et du 40° au 60°; elle est très-commune en Belgique.

La chenille vit en mai et en juin entre des feuilles roulées du chêne, du hêtre, du charme et des saules; en captivité elle dévore les chenilles d'autres espèces qu'on a mises avec elle. Les métamorphoses ont lieu à terre entre des feuilles ou de la mousse.

La noctuelle vole en juillet et août.

1. Cosmie paillée, 2. Dyschoriste ypsilon.

COSMIE PAILLÉE

COSMIA PALEACEA, Esp.

Schiff. S. V. p. 86. — Esp. pl. 122, f. 3, 4. — Hb. f. 198-99. — Treits. V, 2, p. 380. — Dup. VII, pl. 109, f 1.—Led. Noct. pp 38, 143.—Ann. Soc. ent. B. I, p. 99. — Spey. Geogr. verb. II, p. 82. — Staud. Cat. p. 115, n° 1619.
Noctua fulvago, Sch. — N. paleacea, Esp. — N. angulago, Hat. — Euperia fulvago, Step. — Cosmia fulvago, Treits. — C. paleacea, Led.

Cette espèce habite aussi bien les plaines que les montagnes, et on la rencontre généralement partout où il y a des bouleaux. Elle est répandue, entre le 60° et le 44°, depuis l'Angleterre jusqu'aux monts Altaï, mais elle est très rare en Belgique.

On trouve la chenille en mai et en juin sur le bouleau et sur l'aune, entre deux feuilles réunies par quelques fils. L'insecte parfait vole en juillet et août.

DYSCHORISTE YPSILON

DYSCHORISTA YPSILON, Sch.

Schiff. S. V. p. 78. — Esp. pl. 145, f. 2, 3. — Hb. f. 136. — Haw. Lep. Br. p. 197. — Treits, V, 2, p. 210. — Dup. VI, pl. 81, f. 5. — Frey. N. Beitr. pl. 329. — Led. Noct pp. 39,143. — Ann Soc. ent. B. I, p. 97. — Spey. Geogr. Verb. II, p. 86. — Staud. Cat. p. 115, n° 1624.
Noctua ypsilon, Sch (1776). — N. corticea, Esp. — N. fissipuncta, Haw. (1810). — Orthosia ypsilon, Treits. — Hama ypsilon, Step. — Dyschorista ypsilon, Led. — D. fissipuncta, Stg.

On rencontre cette espèce presque partout où il y a des peupliers et des saules, depuis l'Angleterre jusqu'aux monts Altaï, et depuis le 40° jusqu'au 62°; on l'observe également en Asie mineure ; elle est assez commune en Belgique.

La chenille vit en mai et juin sur les peupliers et les saules, où elle se tient, pendant son jeune âge, entre des feuilles réunies par des fils ; plus tard elle se cache durant le jour entre les crevasses des écorces. Les métamorphoses se font, soit dans la terre, soit entre les écorces ou dans le bois vermoulu. La noctuelle vole en juillet et août.

1. Plastène obtuse, 2. P. soumise.

PLASTÈNE OBTUSE

PLASTENIS RETUSA, Lin.

Lin. F. S. p. 321; S. N. xii, p. 858. — Esp. pl. 178, f 1. — Hb. f. 214. — Treits. V, 1, p. 80. — Dup. VI, pl. 82, f. 3. — Frey. BEITR., pl. 143 — Haw. LEP. BR. p. 251. — West. et H. M. I, 205, pl. 44, f. 2, 3. — ANN. SOC. ENT. B. I, p. 74. — Spey. GEOGR. VERB. II, p. 84. — Staud. CAT. p. 115 n° 1625.

PHALÆNA RETUSA, L. — PH. CHRYSOGLOSSA, Beck. — NOCTUA RETUSA et VETULA, Hb. — N. GRACILIS, Haw. — CYMATOPHORA RETUSA, Treits. — TETHEA et IPIMORPHA RETUSA, Step. — PLASTENIS RETUSA, Boisd.

Cette espèce habite l'Europe centrale et septentrionale, sauf la zone boréale ; à l'est elle se montre jusqu'à l'Altaï, au sud jusqu'au Piémont et le midi de la Russie. Elle est assez rare en Belgique.

La chenille vit en mai et en juin entre des feuilles de saules réunies par des fils, principalement à l'extrémité des rameaux. Elle se chrysalide dans la terre.

L'insecte vole en juillet et août.

PLASTÈNE SOUMISE

PLASTENIS SUBTUSA, Schiff.

Schiff. W. V. p. 88. — Hb. f. 213 — Treits. V, 1, p. 82. — Dup. VI, pl. 82, f. 4. — Frey. N. BEITR. pl. 10. — Step. CAT Br. Lep. p. 110. — ANN. SOC. ENT. B. I, p. 74. — Spey. GEOGR. VERB. II, p. 84 . — Staud. CAT. p. 115, n° 1626.

NOCTUA SUBTUSA, Sch. — CYMATOPHORA SUBTUSA, Treits. — TETHEA et IPIMORPHA SUBTUSA, Step. — PLASTENIS SUBTUSA, Boisd.

Ce lépidoptère est répandu entre le 60° et le 44°, depuis l'Angleterre jusqu'aux monts Altaï. Il est plus abondant en Belgique que l'espèce précédente mais sans être commun.

On trouve la chenille en mai sur les peupliers *(Populus tremula et italica)*.

L'insecte parfait vole en juillet et août.

1. Cirroédie xérampéline, 2. Cléocère du saule.

CIRROÉDIE XÉRAMPÉLINE

CIRRHOEDIA XERAMPELINA, Hb.

Hb. f. 421.—Treits. V, 2, p. 354; X, 2. p. 106 — Haw. Lep. Br. p. 236. — Dup. VII, pl. 116, f. 1. — Frey. N. Beitr. pl. 149, f. 2. — Mill. Icon. pl. 33, f. 4-7. — Ann. Soc. ent. B. I, p. 100. — Spey. Geogr. verb. II, p. 85. — Staud. Cat. p. 115, n° 1628.
Noctua xerampelina, Hb. — N. centrago, Haw. — Xanthia xerampelina, Treits. — Cirrhoedia xerampelina, Gn.

Cette espèce est plus ou moins répandue en France, en Angleterre, en Allemagne, en Autriche et en Suisse, mais elle est très rare en Belgique.

La chenille vit sur le frêne *(Fraxinus excelsior)*; dans le courant de juillet elle se métamorphose dans la terre à l'intérieur d'une coque solide.

La noctuelle vole en août.

CLÉOCÈRE DU SAULE

CLEOCERIS VIMINALIS, Fab.

Fab. Gen. 284. — Esp. Cont. III, pl. 94, f. 5. — Bkh. IV, p. 630. — Hb. f. 50. — Treits. V, 1, p. 104. — Dup. VI. pl. 84, f. 4. — Ann. Soc. ent. B. I, p. 73 et XV, p. 108. — Spey. Geogr. verb. II, p. 85. — Staud. Cat. p. 116, n° 1630.
Noctua viminalis, F. — N. stricta, Esp. — N. saliceti, Bkh. — N. scripta, Hb. — Cymatophora saliceti, Treits. — Cleoceris viminalis, Boisd.

Cette noctuelle habite particulièrement la zone septentrionale : on la rencontre depuis la Laponie jusqu'en Provence (57° — 44°) et depuis l'Angleterre jusqu'aux monts Altaï. En Belgique elle est très rare : elle a été prise dans le Luxembourg belge, et M. Fondu l'a trouvée en juillet 1872 sur un des boulevards de Bruxelles.

La chenille vit en juin entre des feuilles de saule réunies par quelques fils. La chrysalidation a lieu à la fin de juin et la noctuelle vole en juillet et août.

1. Orthosie lavée, 2. O. ferrée

ORTHOSIE LAVÉE

ORTHOSIA LOTA, Clerck.

Clerck, ICON. pl. 8, f. 1.— Lin. F. S p. 302 — Esp. III pl. 67, f. 1.—Hb. NOCT. pl. 35, f. 167.
— Treits. SCHM. EUR. V, 2, p. 212. — Dup. III, 27. f. 4. — Frey. BEITR. pl. 111. —
ANN. SOC. ENT. B. I, p. 98.— Spey. GEOGR. VERB. II, p. 87.—Staud. CAT. p. 116, n° 1633.
PHALÆNA LOTA, Cl. — NOCTUA MUNDA, Hb. — N. LOTA, Sch. — N. HIPPOPHAES, Vil. —
ORTHOSIA LOTA, Treits.

Cette espèce est généralement répandue, aussi bien dans les plaines que dans les montagnes. On la rencontre, entre le 60° et le 37° depuis l'Angleterre jusqu'aux monts Altaï, ainsi qu'en Arménie. Elle est rare en Belgique, où on la trouve quelques fois dans la forêt de Soignes et dans les provinces de Liége et de Namur.

On trouve la chenille sur les saules en mai et en juin. La chrysalidation a lieu dans la terre à la fin de juin ; l'insecte parfait vole à la fin d'août et en septembre.

ORTHOSIE FERRÉE

ORTHOSIA MACILENTA, Hubn.

Hubn. NOCT pl. 89, f. 418. — Treits. SCHM. EUR. V, 2, p. 215. — Dup. VII, pl 104 f. 5. —
Frey. BEITR. pl. 141, f. 1 ; N. B. pl. 251. — Step. CAT. BR. LEP. p. 77. — ANN. SOC. ENT.
B. I, p 97. — Spey. GEOGR. VERB. II, p. 87. — Staud. CAT. p. 116, n° 1634.
NOCTUA MACILENTA, Hb. — N. FLAVILINEA, Haw. — ORTHOSIA MACILENTA, Treits. —
O. FLAVILINEA, Step.

Cette orthosie est peu répandue et elle est généralement rare. Elle habite l'Europe centrale et occidentale entre le 56° et le 45° ; on ne la rencontre pas en Russie et elle est peu commune en Belgique.

La chenille vit en mai sur le hêtre entre des feuilles réunies par des fils; Treitschke indique également comme plantes nourricières le plantain lancéolé *(Plantago lanceolata)* et la stellaire *(Stellaria media)*. La chrysalidation a lieu dans la terre et l'insecte parfait vole en août et septembre sur la lisière des bois.

Nous reproduisons la chenille et la chrysalide figurées par Freyer.

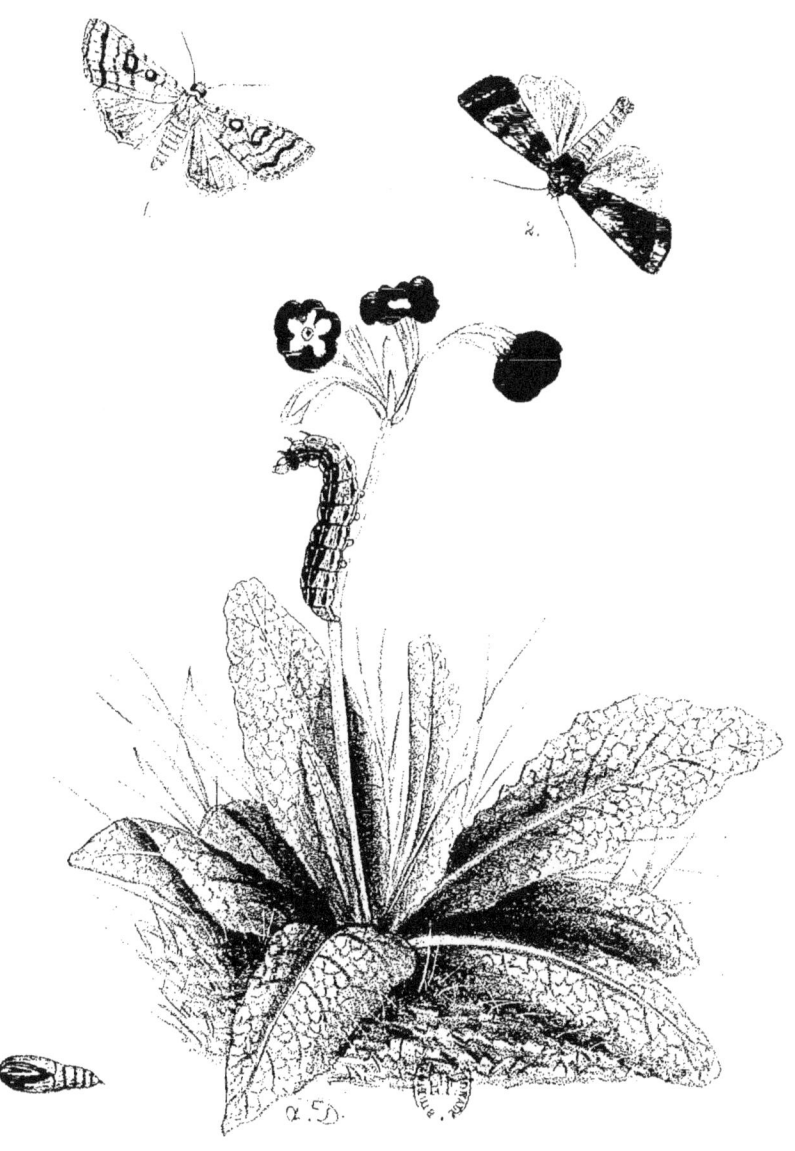

1. Orthosie fauvette, 2. O. dorée

ORTHOSIE FAUVETTE
ORTHOSIA CIRCELLARIS, Hufn.

Hufn. Berl. Mag. III, p. 401. — Schiff. S. V. p. 86 — Esp. pl. 47, f. 6 — Hb. f. 181 et 688-89. — Treits. V. 2, p. 349. — Dup. VII, pl. 130, f. 2. — Frey. N. Beitr. pl. 123 — Sepp, VIII, pl. 3. Ann. Soc. ent. B. I, p. 100. — Spey. Geogr. verb. II, p. 88. — Staud. Cat. p. 116, n° 1635.

Noctua circellaris, Hufn — N. ferruginea, Sch — N. fuscago, Esp. — N. macilenta, Esp. — Xanthia ferruginea, Treits. — Orbona ferruginea, Westw. — Orthosia circellaris, Led.

Cette espèce habite toute l'Europe centrale entre le 57° et le 45°, depuis l'Angleterre jusqu'au Volga ; elle est commune en Belgique dans beaucoup de localités.

On trouve la chenille en mai sur les véroniques, les lamiers, les primevères, le pissenlit, etc. mais elle se tient cachée sous les feuilles.

L'insecte parfait vole en août et septembre.

ORTHOSIE DORÉE
ORTHOSIA RUFINA, Lin.

Lin. S. N. XII, p. 830 ; F. S. p. 304. — Hb. f. 184. — Esp. pl. 123, f. 1. — Treits, V, 2, p. 347, — Dup. VII, pl. 130, f. 3. — Ann. Soc. ent. B. I, p. 100. — Spey. Geogr. Verb. II, p. 88. — Staud. Cat. p. 116, n° 1636.

Bombyx rufina et Phalæna helvola, Lin. — Noctua rufina, Hb. — N. catenata, Esp. — Xanthia rufina, Treits. — Orbona rufina, West. — Orthosia rufina, Led. — O. helvola, Stg.

Ce lépidoptère habite de préférence les forêts de chênes de l'Europe centrale et septentrionale. On le rencontre entre le 61° et le 40° depuis l'Angleterre jusqu'aux monts Altaï ; il est assez rare en Belgique où il a été pris dans la forêt de Soignes, dans les environs de Louvain, de Liège, etc.

Les œufs hivernent et éclosent à la fin d'avril. On trouve la chenille en mai sur la bruyère *(Calluna vulgaris)* et sur les airelles *(Vaccinium)*. La chrysalidation a lieu à l'intérieur d'une coque formée de terre et de soie. La noctuelle vole en août et septembre.

1. Orthosie cannelée, 2. O. humble.

ORTHOSIE CANNELÉE

ORTHOSIA PISTACINA, Sch.

Sch. Syst. Verz. p. 77. — Esp. pl. 156, f. 1-6. — Hb. f. 131, 464. — Treits. V, 2, p. 239.— Fab. Syst. E. p. 45 — Haw. Lep. Br. p. 332. — Dup. VI, pl. 80, f. 5. — Sepp, VIII, pl. 3. — Ann. Soc. ent. B. I, p. 97. — Spey. Geogr. verb. II, p. 89. — Staud. Cat. p. 116, n° 1637.

Noctua pistacina, Sch. — N. lychnidis, F. — N. venosa, Haw. — Orthosia pistacina, Treits. — Ab.: Serina, Rubetra, Canaria, Esp.

Cette orthosie est répandue dans l'Europe centrale et méridionale, mais elle ne parait pas dépasser le 54°; on l'observe également en Asie-Mineure et en Arménie. Elle est peu commune en Belgique.

La chenille vit en mai et juin sur la centaurée scabieuse *(Centaurea scabiosa)*, la renoncule bulbeuse *(Ranunculus bulbosus)*, les oseilles, etc. La chrysalidation a lieu dans la terre, et l'insecte parfait vole en août et septembre.

ORTHOSIE HUMBLE

ORTHOSIA HUMILIS, Sch.

Schiff. Syst. Verz., p. 76. — Hb. f. 170. — Treits. V, 2, p. 237. — God. et Dup. VII, pl. 117, f. 4. — Gn. I, p. 366. — Ann. Soc. ent. B. I, p. 97. — Spey. Geogr. Verb. II, p. 90. — Staud. Cat. p. 117, n° 1641.

Noctua humilis, Sch. — Orthosia humilis, Treits.

L'aire géographique de cette espèce est peu étendue; elle habite l'Allemagne, l'Autriche, la Hongrie et la Belgique, mais elle est rare dans notre pays où elle a été trouvée aux environs de Namur.

La chenille se montre en mai et en juin sur le laitron, le chiendent, le pissenlit, etc., et se métamorphose dans la terre. La noctuelle fait son apparition en juillet et août.

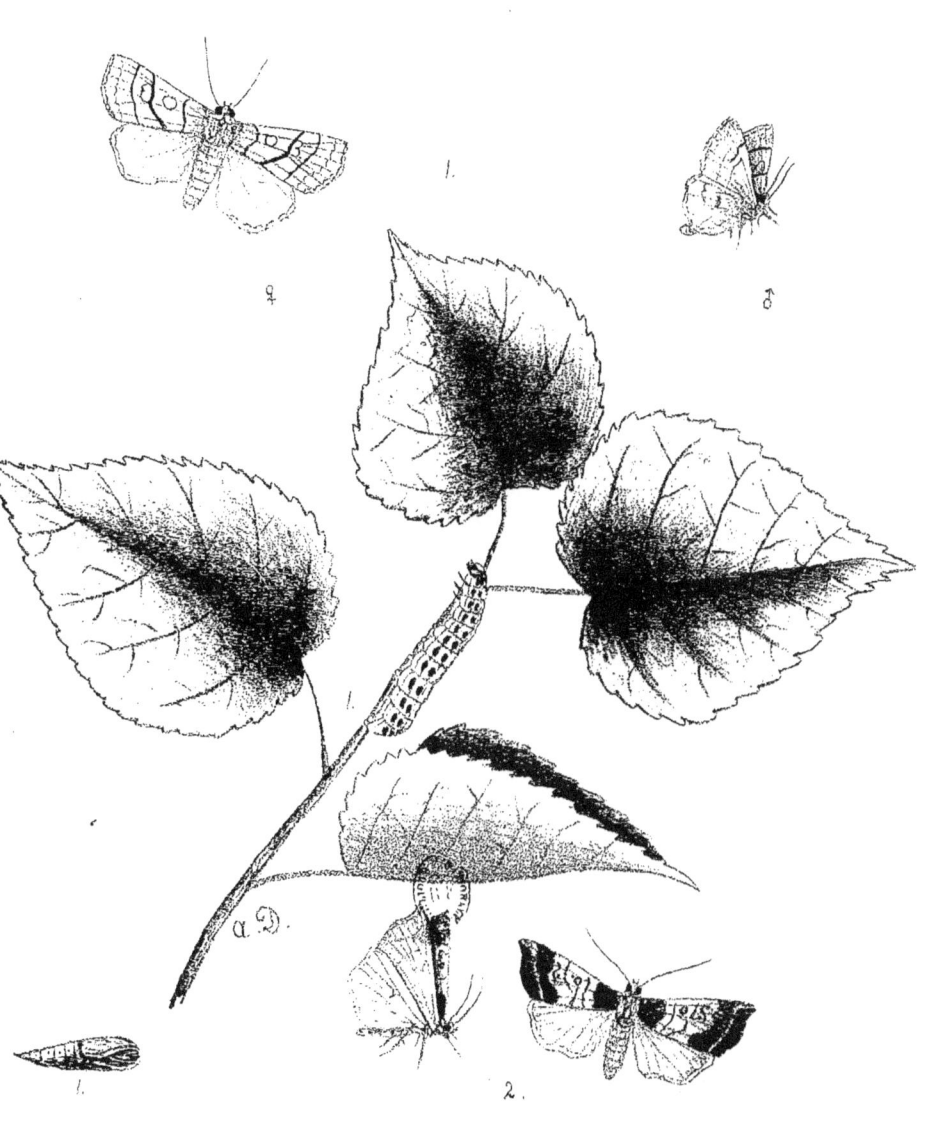

1. Xanthie citronelle, 2. X. éblouissante

XANTHIE CITRONELLE
XANTHIA CITRAGO, Lin.

Lin. Syst. Nat. X, p. 508; F. S. 312. — Esp. pl. 175, f. 5, 6. — Hubn. f. 188. — Treits. V, 2, p. 357. — Dup. VII, pl. 128, f. 2, 3. — Frey. N. Beitr. pl. 376. — Ev. Bull. M. 1848, III, p. 219. — Ann. Soc. ent. B. I, p. 100. — Spey. Geogr. verb. II, p. 93. — Staud. Cat. p. 117, n° 1647.

Phalæna citrago, Lin. — Noctua citrago, Esp. — Xanthia citrago, Treits. — *Ab.:* Subflava, Ev.

Cette espèce est répandue en Europe entre le 60° et le 43° depuis l'Angleterre jusqu'au Volga ; elle est très-rare en Belgique où elle a été observée dans les provinces de Brabant, de Namur et de Liége.

La chenille vit en mai et en juin sur le tilleul et se tient cachée entre les feuilles. C'est également entre les feuilles qu'ont lieu les métamorphoses. L'insecte parfait vole en septembre.

XANTHIE ÉBLOUISSANTE
XANTHIA AURAGO, Schiff.

Schiff. W. V. p. 86. — Esp. pl. 124, f. 2. — Hb. f. 196-97. — Treits. V. 2, p. 263. — Dup. VII, pl. 128, f. 4. — Ann. Soc. ent. B. I, p. 100. — Spey. Geogr. verb. II, p. 92. — Staud. Cat. p. 117, n° 1649.

Noctua aurago, Sch. — N. rutilago, Hb. — N. prætexta, Esp. — N. fucata, Esp. (*Ab.*) — Xanthia aurago, Treits.

Cette noctuelle est répandue dans presque toute l'Europe ; on la rencontre entre le 61° et le 42° depuis l'Angleterre jusqu'à la longitude de Moscou ; elle est assez commune en Belgique.

On trouve la chenille en mai et en juin entre les feuilles du hêtre. Les métamorphoses ont lieu dans la terre et l'insecte parfait vole en août et en septembre.

1. Xanthie mantelée, 2. X sulphurée.

XANTHIE MANTELÉE

XANTHIA FLAVAGO, Fab.

Fab. Mant. p. 160 — Esp. pl. 124, f. 1. — Bkh. IV. p. 671. — Hb. f. 191. — Treits. V, 2, p. 367. — Dup. VII, pl. 129, f. 3. — Frey. N. Beitr pl. 135. — Ann. Soc. ent. B. I, p. 100. — Spey. Geogr. verb. II, p. 92. — Staud. Cat. p. 117, n° 1650.

Noctua flavago, F. (1787). — N. togata, Esp. (1788).— N. ochreago, Bkh.—N. silago, Hb. (1800).—Phalæna rubaga, Don. — Xanthia silago, Treits. — X. togata, Led. — X. flavago, Stg.

Cette espèce est plus ou moins répandue en Europe ; on la rencontre, entre le 60° et le 44°, depuis l'Angleterre jusqu'à l'Altaï ; elle est assez commune en Belgique.

La chenille vit en mai et en juin sur les ronces et sur le saule marceau *(Salix caprea)*; elle se tient cachée durant le jour sous des feuilles ou sur le sol. La chrysalidation a lieu à terre à l'intérieur d'un léger tissu.

La noctuelle vole à la fin d'août et en septembre.

XANTHIE SULPHURÉE

XANTHIA GILVAGO, Schiff.

Schiff. W. V. p. 87. — Esp. pl. 176, f. 2. — Hb. f. 442-43. — Treits. V, 1, p. 373 et 377. — Dup. pl. 129, f. 4. 5; pl. 130, f. 1. — Ann. Soc. ent. B. I, p. 100. — Spey. Geogr. verb. II, p. 90. — Staud. Cat. p. 118, n° 1653.

Noctua gilvago, Sch. — Xanthia gilvago, Treits. — *Var.* : Palleago, Hb.

La xanthie sulphurée habite l'Europe centrale ; elle est rare dans certaines localités de la Belgique, commune dans d'autres. La var. *Palleago* est propre au midi de la France.

On trouve la chenille en mai et en juin sur le peuplier, le chêne, l'orme et le tilleul. La chrysalidation se fait à terre à l'intérieur d'un léger tissu formé en partie de grains de sable.

L'insecte parfait vole en août, en septembre et parfois encore en octobre.

1. Xanthie safranée, 2, X. ocellaire.

XANTHIE SAFRANÉE
XANTHIA FULVAGO, Lin,

Lin. S. N. xii, p. 258. — Sch. W. V. p. 86. — Esp. pl. 122, f. 2. — Hb. f. 190, 443 et 444. — Fab. Mant. p. 161. — Hufn. Berl. Mag. III, p. 296 et 423. — Treits. Schm. Eur. V, 2, 370. — Dup. VII, pl. 129, f. 1, 2. —Frey. N. Beitr. pl. 673, f. 1, 2. — Ann. Soc. ent. B. I, p. 100. — Spey. Geogr. verb. II, p. 91. — Staud. Cat. p. 117, n° 1651.
Phalæna fulvago, L.—Ph. icteritia, Hfn. — Noctua cerago, Sch.—Xanthia cerago, Treits.—X. fulvago, Step. — *Var.* : Flavescens, Esp.=Cerago, Hb. = Gilvago, Fab.

Cette espèce est en général peu rare, même dans les régions alpines. On la rencontre, entre le 60° en le 44°, depuis l'Angleterre jusqu'aux monts Altaï et dans les provinces de l'Amour, mais elle est rare en Belgique.

La chenille vit en mars et avril sur les chatons du saule marceau *(Salix caprea)* dont elle ronge également les feuilles ; on la trouve aussi sur les plantains, les véroniques, etc. Elle se métamorphose à terre dans un léger tissu, et l'insecte parfait vole depuis août jusqu'en octobre.

XANTHIE OCELLAIRE
XANTHIA OCELLARIS, Borkh.

Borkh. Schm. Eur. IV. p. 647. — Gn. I, 396.—Spey. Geogr. verb. II, p. 262. — Hb. f. 193. Dup. VII, pl. 129, f. 6. — Ann. Soc. ent. B. XIV, p. 8. — Staud. Cat. p. 117, n° 1654.
Noctua ocellaris, Bkh. — Xanthia gilvago, Treits. (pro parte). — X. ocellaris, Spey. — *Ab.* : Lineago, Gn.

Cette espèce est peu répandue : on l'a observée en Allemagne, en Hongrie, dans le midi de la Russie, en France, en Andalousie et en Sicile ; en Belgique elle a été prise pour la première fois à Dinant par M. G. Barbieux, au mois de septembre 1870.

La chenille est inconnue. L'insecte parfait vole en août et septembre.

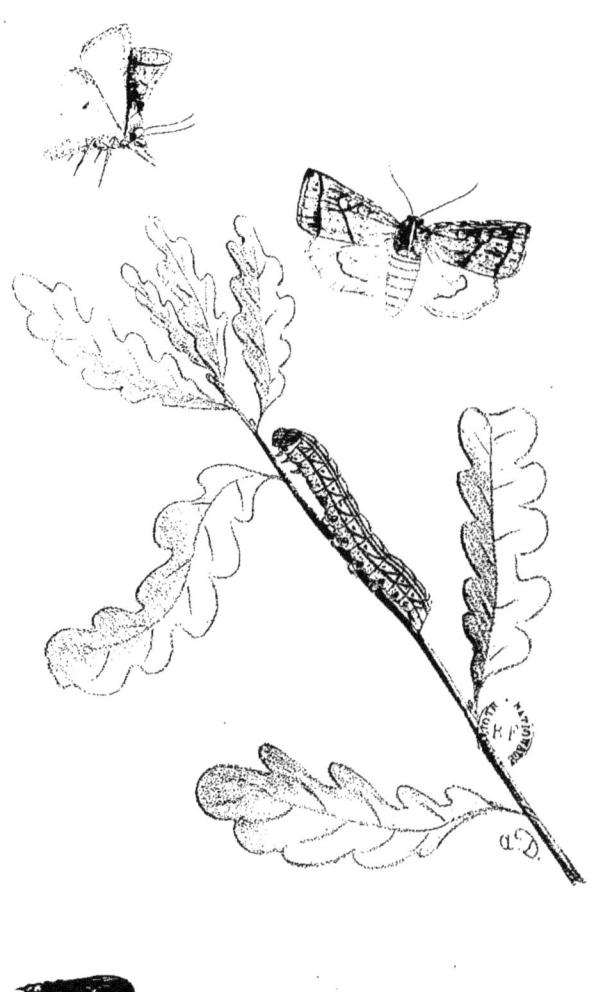

Hoporine safranée.

HOPORINE SAFRANÉE

HOPORINA CROCEAGO, Schiff.

THE ORANGE UPPERWING. — TRAUBENEICHEN EULE

Schiff. Syst. Verz. p. 86. — Esp. Schm. pl. 176, f. 3, 4. — Hubn. Btr. nachtr. p 104; Noct. f. 189. — Treits, Schm. Eur., V, 2, p. 360. — Dup. Lep. Fr. VII, pl. 128. f. 1. — Frey. N. Beitr. pl. 586. — Steph. List Br. Lep. p. 114. — Boisd. Ind. p. 147. — Led. Noct. p 39. — Ann. Soc. ent. B. I, p. 101. — Spey. Geogr. verb. II, p 93 — Ann. Soc. Fr. 1867, p. 641. — Staud. Cat. p. 118, n° 1656.

Noctua croceago, Sch — N. fulvago, Esp. — Xanthia croceago, Treits. — X. xantholeuca et Jodia croceago, Steph. — Hoporina croceago, Boisd. — Oporina croceago. Led. — *Var.* : Corsica, Mab.

    L'aire géographique de cette espèce correspond à celle du chêne, mais elle est moins répandue dans le nord que dans le midi et elle est même rare dans la plupart des localités. On la rencontre entre le 56° et le 37° depuis l'Angleterre jusqu'à la longitude de Moscou ; elle est assez rare en Belgique. La var. *Corsica* se trouve en Corse et en Andalousie.

    La chenille vit sur les taillis de chêne en mai et en juin ; elle se métamorphose dans le sol à l'intérieur d'un léger tissu formé en grande partie de terre.

    L'insecte parfait vole en septembre et en octobre, parfois déjà à la fin d'août. Il se tient généralement sur les branches de chêne dont on peut facilement le faire tomber par des secousses brusques, car il cherche rarement à s'envoler.

1. Orrhodie érythrocéphale, 2. var Glabra.

ORRHODIE ÉRYTHROCÉPHALE

ORRHODIA ERYTHROCEPHALA, Schiff.

THE RED-HEADED CHESTNUT.— SPITZWEGERICH-EULE.

Schiff. W. V. p. 77 et 314. — Hubn. Noct. f. 176 et 438. — Esp. Schm. IV, pl. 162, f. 1, 2. — Treits. Schm. Eur. V, 2, p. 405 et 410. — Dup. VI, pl. 79 f. 2, 3. — Step. Cat. Br. Lep. p. 79. — Frey. N. Beitr. pl. 436. — Spey. Geogr. verb. II, p. 94. — Ann. Soc. ent. B. I, p. 101. — Staud. Cat. p. 118, n° 1658.

Noctua erythrocephala, Sch.— N. vaccinii, *Var.* Esp. — Cerastis erythrocephala, Treits. — Orrhodia erythrocephala, Step.—*Var.* Glabra, Sch.

Cette noctuelle habite la zone méridionale, mais elle n'est commune nulle part. On la rencontre, entre le 57° et le 44°, depuis l'Angleterre jusqu'en Livonie; elle est assez répandue dans certaines localités de la France. En Belgique elle est très-rare: elle a été prise, de même que sa variété *Glabra*, près de Huy et de Namur.

La chenille vit en avril et mai sur le plantain et autres plantes basses. Elle se métamorphose dans la terre au commencement de juin, et l'insecte parfait vole en septembre et en octobre; les chrysalides qui hivernent éclosent en mars et avril.

Nous figurons, d'après Freyer, la chenille et la chrysalide de la var. *Glabra*.

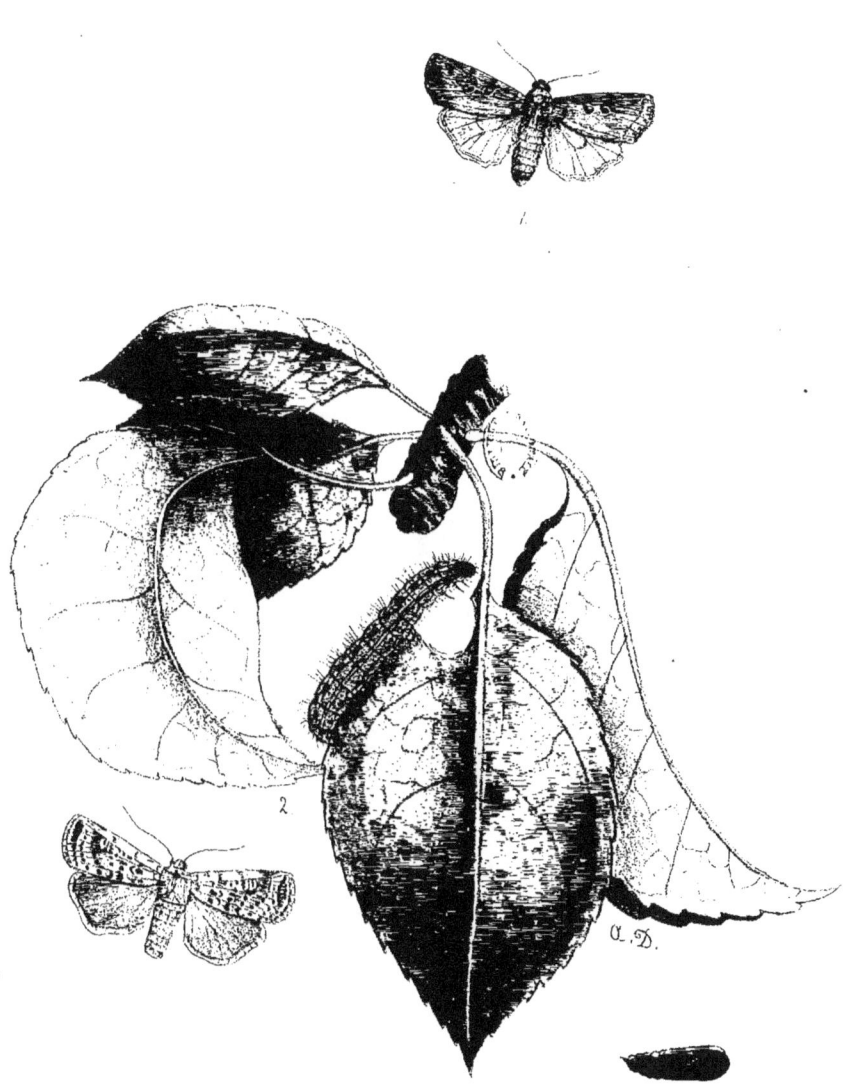

1. Orrhodie doucette, 2. O. tigrée.

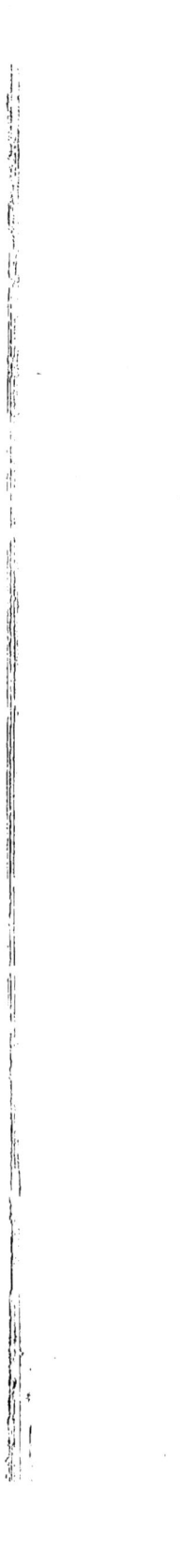

ORRHODIE DOUCETTE
ORRHODIA SILENE, Schiff.

Schiff. Syst. verz. p. 85. — Esp. Schm. pl. 76, f. 4. — Treits. Schm. Eur. V, 2, p. 412 — Dup. VI, p. 102, pl. 79, f. 5. — Ann. Soc. ent. B. I, p. 101. — Spey. Geogr. verb. II, p. 94. — Staud. Cat. p. 118, n° 1660.
Noctua silene, Sch. — Bombyx vau punctatum, Esp. — Noctua vau punctatum, Bkh. Cerastis sileke, Treits. — Orrhodia silene, Spey. — O. vau punctatum, Stgr.

Cette espèce est généralement rare ; on la rencontre dans l'Europe centrale entre le 53 1/2° et le 37°, mais elle n'a pas été observée aux îles Britanniques. Elle est très-rare en Belgique, où elle a été prise dans la forêt de Soignes ainsi que dans diverses localités des provinces de Liége et de Namur.

La chenille vit en mai sur les violettes, les plantains et autres plantes basses, et se métamorphose dans la terre.

L'insecte parfait vole en septembre et en octobre ; les chrysalides qui hivernent éclosent en mars ou en avril.

ORRHODIE TIGRÉE
ORRHODIA RUBIGINEA, Schiff.

Schiff. Syst. verz p. 86. — Hb. pl. 38, f. 183. — Esp. pl. 123, f. 3, 4. — Borkh. Schm. Eur. IV. p. 679. — Treits. V, 2, p. 398. — Ann. Soc. ent. B. I, p. 176. — Spey. Geogr. verb. II, p. 96. — Staud. Cat. p. 119, n° 1668.
Noctua rubiginea, Sch. — N. tigerina, Esp. — N. sulphurago, Borkh. — Cerastis rubiginea, Treits. — Orrhodia rubiginea, Spey. — Dasycampa rubiginea, Guen.

Cette noctuelle habite toute l'Europe depuis l'Angleterre jusqu'à l'Oural, et depuis la Laponie (66°) jusqu'en Corse. Elle est généralement rare partout et très-rare en Belgique.

La chenille vit en mai sur les pommiers et sur le pissenlit ; elle se chrysalide dans la terre en juin. La noctuelle fait son apparition en septempre et octobre ou au printemps ; en mars et en avril on trouve souvent cette noctuelle, vers le soir, sur des châtons de saule marceau.

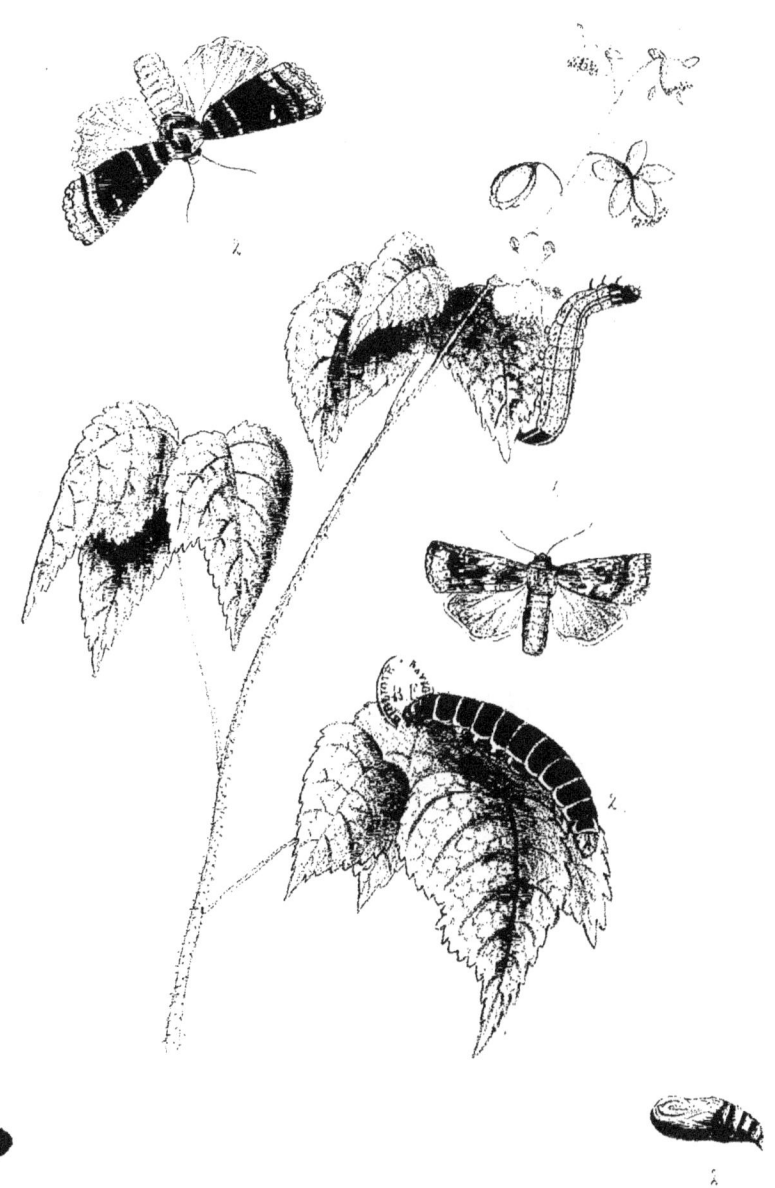

1. Orrhodie de l'airelle. 2 Scopélosome satellite.

ORRHODIE DE L'AIRELLE

ORRHODIA VACCINII, Lin.

Lin. S. N. XIII, p. 852 — Esp. pl. 161, f. 1-6. — Hb. f. 177 et 179. — Treits, V, 2, p. 401. — Frey. N. Beitr. pl. 46. — Ann. Soc. ent. B. I, p. 101. — Spey. Geogr. Verb. II, p. 95 — Staud. Cat. p. 118, n° 1665.
Phalæna vaccinii, Lin. — Noctua vaccinii, Sch. — Cerastis vaccinii, Treits. — Orrhodia et Glæa vaccinii, Step. — *Var.* : Spadicea, Polita, Sch.

Cette noctuelle est généralement répandue dans toute l'Europe centrale, depuis la Suède (60°) jusqu'au Piémont et depuis l'Angleterre jusqu'aux monts Altaï. Elle est assez commune dans les forêts de la Belgique.

On trouve la chenille en mai et en juin sur les ronces et les airelles *(Vaccinium myrtillus* et *vitis-idea)* ; elle se métamorphose dans la terre. L'insecte parfait, qui est de coloration très variable, vole en septembre et octobre; il hiverne ensuite pour faire une nouvelle apparition en mars et avril, époque probable de la ponte.

SCOPÉLOSOME SATELLITE

SCOPELOSOMA SATELLITA, Lin.

Lin. Syst. Nat. XII, p. 855 — Esp. pl. 169, f. 6-10. — Hb. f. 182. — Treits. V, 2, p. 414. — Dup. VI, pl. 80, f. 4. — Sepp, VII, pl. 25. — Ann. Soc. ent. B. I, p. 101. — Spey. Geogr. verb. II, p. 96. — Staud. Cat. p. 119, n° 1670.
Phalæna satellita, L. — Noctua satellita, Sch. — Cerastis satellita, Treits. — Glæa et Eupsilla satellita, Step. — Scopelosoma satellita, Cur.

Ce lépidoptère habite tout le territoire qui s'étend entre l'Angleterre et le Japon, et qui est limité au nord par le 62°, au sud par le 45°. Il est assez commun en Belgique.

La chenille vit en mai et en juin sur le chêne, le hêtre, les saules, l'orme, le poirier, les ronces, les groseillers, etc.

L'insecte parfait vole en août et septembre.

Scolioptéryx libatrice
sur le Saule pleureur.

SCOLIOPTÉRYX LIBATRICE.

SCOLIOPTERYX LIBATRIX, STEP.

THE HERALD. — DOTTERWEIDEN SPINNER.

Ochsenh., t. V, 2, p. 172. — Esp.. t. III, pl. LXIX. — Spey., GEOGR. VERB., t. II, p. 222. — Boisd., p. 98, n° 139. — BOMBYX LIBATRIX, Esp. — PHALAENA LIBATRIX, Lin. — NOCTUA LIBATRIX, Hüb. — N. MODUSTA, Müll. — CALYPTRA LIBATRIX, Step.

On rencontre cette espèce dans presque toutes les parties du monde : elle habite l'Asie, le nord de l'Afrique et de l'Amérique, la Russie, la Suède, l'Allemagne, la Hollande, la Grande-Bretagne, la Belgique, la France, l'Espagne et l'Italie.

La chenille de ce scolioptérix vit sur différentes espèces de saules, tels que le saule marceau (*Salix capræa*), le saule blanc (*S. alba*), le saule pleureur (*S. babylonica*), etc. On la trouve d'abord en mai et en juin et une seconde fois en août et septembre, mais c'est dans ces derniers mois qu'elle est particulièrement commune.

Les métamorphoses se font dans un léger tissu blanc entre des feuilles roulées. La chrysalide est d'abord verte, mais elle se forme de plus en plus à mesure qu'elle vieillit, jusqu'à ce qu'elle devienne noirâtre, le lépidoptère s'en échappe au bout de deux ou trois semaines. Les chenilles de la seconde période hivernent à l'état de chrysalide. On voit souvent, en été, ce scolioptéryx dans l'intérieur des habitations, contre des murailles ou des sommiers.

1. Xyline du frêne, 2. var. Oculata 3. X. Zincken.

XYLINE DU FRÊNE
XYLINA SEMIBRUNNEA, Haw.

Haw. Lep. Br. p. 171. — Treits. X, 2, p. 112. — Gn. II, p. 121. — Germ. Fn. Ins. Eur. IX, pl. 18. — Dup. III, pl. 34, f. 4; VII, pl. 113, f. 7?. — Frey. N. Beitr. pl. 316, f. 2. — Mill. Ic. I, pl. 33, f. 1-3. — Ann. Soc. ent. B. I, p. 102. — Spey. G. V. II, p. 179. — Staud. Cat. p. 119, n° 1672.
Noctua semibrunnea, Haw.—Xylina semibrunnea, Treits. — *Var.* : Oculata, Germ. = Petrificata, Dup.?

Cette noctuelle habite l'Europe centrale et occidentale, l'Autriche, la France et l'Angleterre. En Belgique on n'a encore observé que la var. *Oculata*, principalement dans les provinces de Brabant et de Liège, mais elle y est rare.

La chenille éclot, d'après M. Millière, en même temps que paraissent les feuilles du frêne, sur lequel elle semblerait vivre exclusivement. Elle grossit d'abord assez lentement, mais après la seconde mue sa croissance est plus rapide. Vers la fin de mai elle s'enfonce en terre et s'y métamorphose à l'intérieur d'une coque solide. L'insecte parfait vole à la fin de septembre ou au commencement d'octobre. Chenille et chrysalide de notre planche sont faites d'après l'Iconographie de M. Millière.

XYLINE ZINCKEN
XYLINA ZINCKENII, Treits.

Fab. Mant p. 174.? — Treits. V, 3, p. 16. — Dup. III, pl. 34, f. 2. — Hering, Stett. ent. Z. 1841, p. 165.—Frey. N. Beitr. pl. 63, f. 1, 462 et 539.—Spey. Geogr. verb. II, p. 181. — Staud. Cat. p. 119, n° 1676. — Ann. Soc. ent. B. XVII, p. v.
Noctua lambda, Fab.? — Xylina zinckenii, Treits. — X. lambda, Stg. — *Var.* : Somniculosa, Hering.

Cette espèce est généralement rare : elle a été observée en Scandinavie jusqu'au 67°, en Russie, en Allemagne, en Suisse, et M. Donckier-Huart l'a capturée en Belgique, le 16 mars 1875 dans le bois du Val-Benoit.

La chenille vit en mai et juin sur le saule et sur le *Mirica gale*. Elle se métamorphose dans la mousse humide à l'intérieur d'une coque soyeuse.

L'insecte vole en septembre et octobre ; les chrysalides qui ont hiverné éclosent au commencement du printemps.

Nous reproduisons la chenille figurée par Freyer.

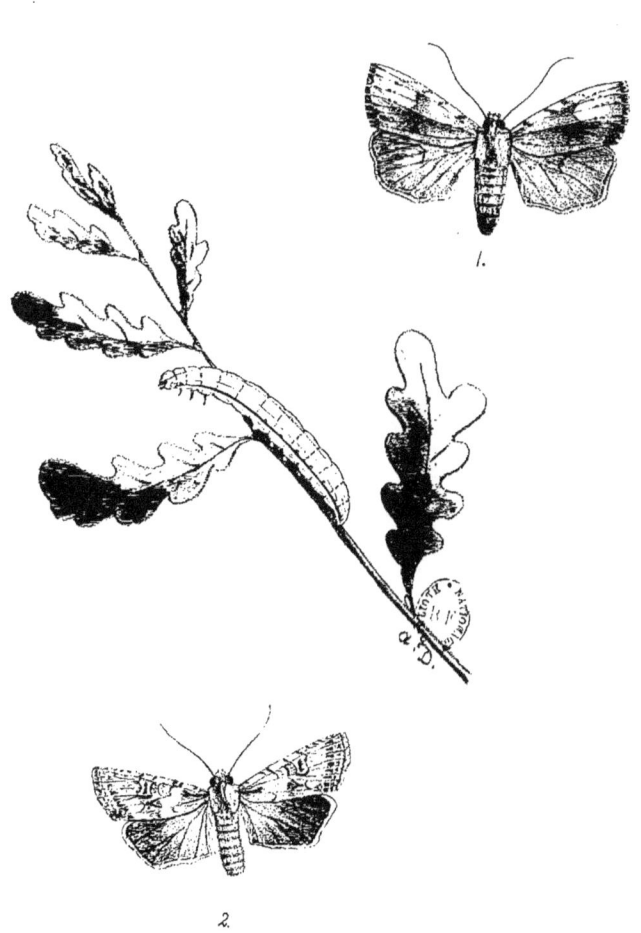

1. Xyline tachée, 2. X. nébuleuse.

XYLINE TACHÉE
XYLINA SOCIA, Hufn.

Hufn. Berl. M. III, p. 418.— Schiff. S. V. p. 75 — Treits. V, 3, p. 23. — Hb. f. 239. — Esp. pl. 133, f. 5-6. — Dup. III, pl 31, f. 3. — Spey G. V. II, p. 179. — Ann. Soc. ent. B. III, p. 133 — Led. Noct. pp. 40, 153. — Staud. Cat. p. 119, n° 1673.
Phalæna socia, Hufn. — Noctua petrificata, Sch. — N. umbrosa, Esp. — N. petrificosa, Hb. — Xylina petrificata, Treits. — X. socia, Led.

Cette espèce habite l'Europe centrale et septentrionale entre le 61° et le 44°, mais elle manque cependant dans beaucoup de localités ; les monts Ourals forment sa limite orientale. En Belgique elle a été observée dans la forêt de Soignes par le Dr Breyer.

La chenille vit en mai et juin sur l'orme, le tilleul, le chêne, le prunier, etc., et se métamorphose dans un cocon formé en partie de terre. L'insecte parfait vole en septembre et octobre; les chrysalides qui hivernent éclosent en mars ou avril.

XYLINE NÉBULEUSE
XYLINA ORNITHOPUS, Hufn.

Hufn. Berl. M. III, p. 304 — Fab. Mant. p. 182. — Hubn. f. 242. — Treits. V, 3, p. 21. — Dup. VII, pl. 112, f. 3 — Ann. Soc. ent. B. I, p. 102. — Spey. Geogr. verb. II, p. 181. — Staud. Cat. p. 120, n° 1677.
Phalæna ornithopus, Hufn. — Noctua rhizolitha, Sch. — Xylina rhizolitha, Treits. — X. ornithopus, Stg.

On rencontre cette noctuelle presque partout où il y a des chênes, depuis l'Angleterre jusqu'au Volga et depuis le sud de la Suède jusqu'en Espagne.

La chenille vit sur le chêne dans le courant de mai, et subit ses métamorphoses dans la terre, sans former de coque proprement dite.

L'insecte parfait vole en août et septembre, mais parfois la chrysalide hiverne pour n'éclore qu'au commencement du printemps.

Calocampe antique
sur le Poivre d'eau.

CALOCAMPE ANTIQUE

CALOCAMPA VETUSTA, Hubn.

THE RED SWORD GRASS

Hubn. Noct. pl 97, f. 459. — Treits. Schm. Eur. V, 3, p. 4. — Dup. Pap. de Fr. VII. pl. 111, f. 1. — Guen. Sp. gen. Lep. II, 115. — Step. Cat. B. Lep., 84. — Ann. Soc. ent. B. I, 101. — Spey. Geogr. verb. II, 181. — Staud. Cat., 120, n° 1680.

Noctua vetusta, Hb. — Xylina vetusta, Treits. — Calocampa vetusta, Step.

Cette espèce habite une grande partie de l'Europe, sans cependant être commune nulle part. On la rencontre, entre le 60e et le 37e degré, depuis l'Angleterre jusqu'au monts Altaï. Elle est rare en Belgique.

La chenille habite ordinairement les prairies marécageuses, où elle vit sur un grand nombre de plantes herbacées, telles que carex, graminées, poivre d'eau, lotier, trèfles, etc. On la prend encore petite, dans le courant de mai, en fauchant dans les prairies basses. C'est vers la fin de juin qu'elle a toute sa taille. Elle se construit alors une coque formée de grains de terre réunis par quelques fils de soie.

La noctuelle éclôt en septembre, mais il arrive souvent que la chrysalide hiverne ; dans ce cas, l'insecte parfait ne prend son essor qu'au printemps.

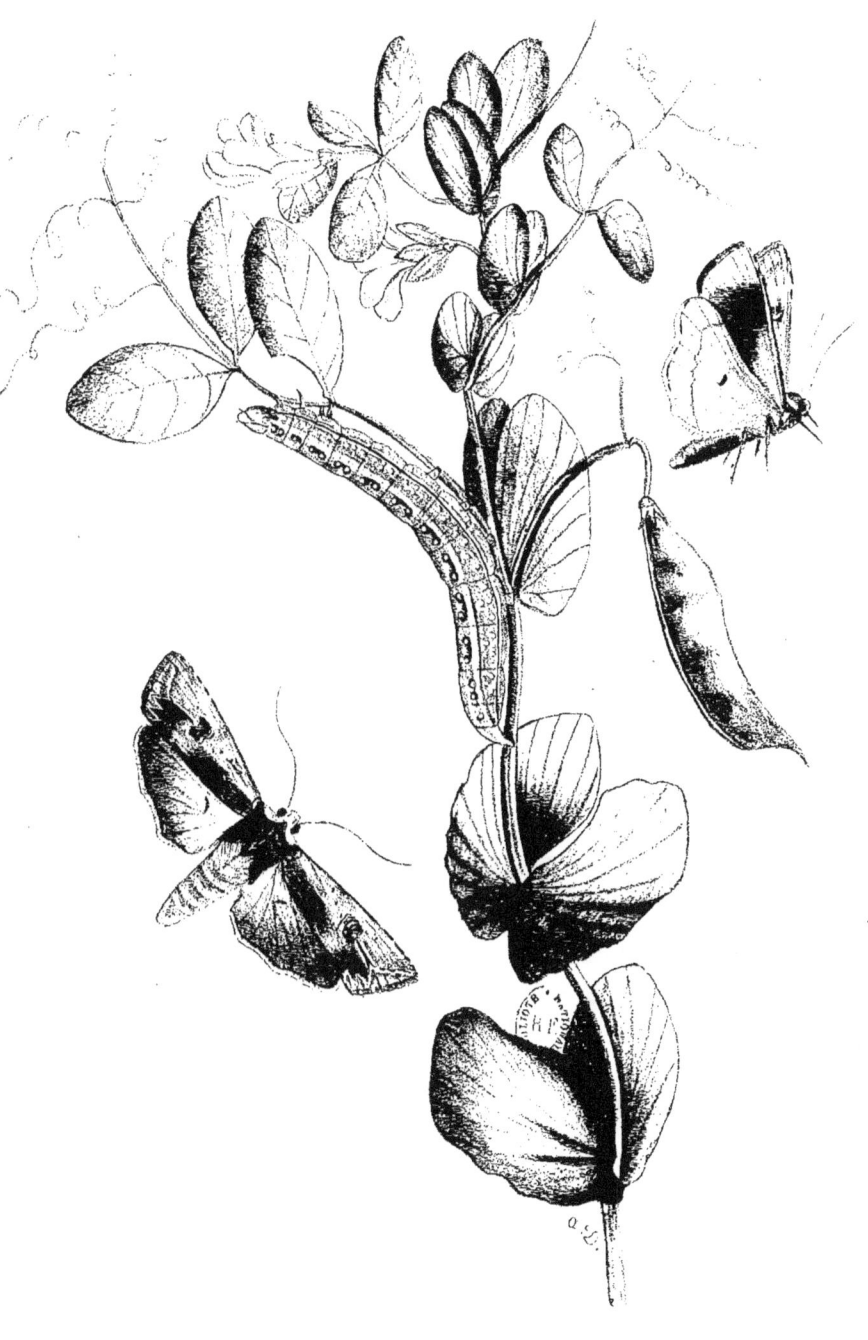

Calocampe passé
sur Pois des champs.

CALOCAMPE PASSÉ

CALOCAMPA EXOLETA, Lin.

THE SWORD GRASS. — SCHARTEN-EULE.

Lin. S. N. X, 515; F. S , 315. — Esp. Schm., IV, pl. 138, f. 1, 2. — Hubn. Noct., pl. 50, f. 244. — Treits. Schm. Eur. V, 3, p. 7. — Dup. Pap. de Fr. VII, pl. 111, f. 2. — Step. Cat. B. Lep. 84. — Led. Noct. 40 et 154. — Ann. Soc. ent. B. 1, 102. — Spey. Geogr. verb. II, 182. — Staud. Cat. 120, n° 1681.

Phalæna N. exoleta, Lin.—Noctua exoleta, Hb. — Xylina exoleta, Treits. — Calocampa exoleta, Step.

Cette noctuelle habite toute l'Europe, sauf les parties boréales, l'Espagne, le Portugal et le midi de l'Italie. On la rencontre également en Lydie et en Sibérie jusqu'aux monts Altaï. Elle est assez rare en Belgique.

La chenille vit, depuis la fin de mai jusqu'au commencement d'août, sur une infinité de plantes, particulièrement sur les œillets des jardins, les pavots, les scabieuses, les genêts, les pois, la digitale, le saule marceau, l'asperge, le cucubale, l'aristoloche, etc. Il parait que les chenilles qui se nourrissent de l'œillet ou du cucubale, prennent ordinairement une teinte glauque.

L'insecte parfait éclôt vers la fin d'août ou dans le courant de septembre; il arrive aussi que la chrysalide hiverne et que la noctuelle ne se montre alors qu'au printemps.

Xylomige conspicillaire.

XYLOMYGE CONSPICILLAIRE

XYLOMYGES CONSPICILLARIS, Lin.

THE SILVER CLOUD. — WIRBELKRAUT-EULE

Lin. Syst. Nat. X, p. 515; F. S. p. 314. — Esp. Schm. IV, pl. 134, f. 4-6. — Hubn. Noct. pl. 49, f. 236-7. — View. Tab. Verz. p. 68. — Brahm. Ins. Kal. II, p. 55. — Treits. Schm. Eur. V, 3, p. 26. — Gn. I. p. 150. — Boisd. Ind. p. 113. — Sepp, Nederl. ins. VI, pl. 7. — Ann. Soc. ent. B. I, p. 86.—Spey. Geogr. Verb. II, p. 183. —Staud. Cat. p. 120, n° 1683.

Noctua conspicillaris, Lin. — N. musicalis, Esp. — Xylina conspicillaris, Treits. — Luperina conspicillaris, Boisd. — Xylomiges conspicillaris, Gn. — *Var.:* Melaleuca, View = conspicillaris, Esp. = Præusta, Brahm.

La xylomyge conspicillaire habite presque toute l'Europe, mais elle est très-localisée et plus abondante dans le midi que dans le nord ; on la rencontre depuis l'Angleterre jusqu'aux monts Altaï et depuis la Suède jusqu'au Piémont (du 60° au 45°). Elle est très-rare en Belgique, où on la trouve parfois dans les bois arides des environs de Liége. La var. *Melaleuca* paraît avoir la même répartition géographique.

La chenille vit en juin et juillet sur le lotier *(Lotus corniculatus),* le genêt *(Genista scoparia)* et, d'après Wilde, sur des graminées ; elle se métamorphose dans la terre. La chrysalide hiverne et l'insecte parfait vole en avril et en mai.

1 Astéroscope sphinx. 2.Xylocampe brunâtre.

ASTÉROSCOPE SPHINX

ASTEROSCOPUS SPHINX, Hufn.

Hufn. Berl. Mag. III, p. 400. — Esp III, pl. 49. f. 1.3. — Hb. Bomb. pl. 2 f. 5, 6 — Treits. V, 3 p. 53. — Dup. VII, pl. 114, f. 2. — Sepp, Ned. Ins. III, pl. 20. — Led. Noct. p. 40. — Ann. Soc. ent. B. I, p. 67. — Spey. Geogr. verb. II, p. 178. — Staud. Cat. p. 120, n° 1657.
Phalæna sphinx, Hufn. — Bombyx sphinx, Esp. — B cassinia, Sch. — Xylina cassinia, Treits. — Asteroscopus cassinia. Boisd. — A. sphinx, Led.

Cette espèce est plus ou moins répandue dans l'Europe centrale depuis l'Angleterre jusqu'à la longitude de Moscou ; on l'observe entre le 56° et le 45°, c'est-à-dire depuis le sud de la Scandinavie jusqu'en Piémont et en Savoie. Elle est assez commune en Belgique.

On trouve la chenille en mai et en juin sur l'orme, le chêne, le hêtre, le prunellier, le tilleul, les saules, etc.; elle se métamorphose dans la terre au pied des arbres.

L'insecte parfait éclot à la fin d'octobre et au commencement de novembre ; on retrouve parfois au printemps quelques individus engourdis qui ont passé l'hiver.

XYLOCAMPE BRUNATRE

XYLOCAMPA AREOLA, Esp.

Esp. pl. 141, f. 4. — Hubn. pl. 85, f. 398. — Borkh. IV, p. 339. — Treits. V, 3, p. 66. — Dup. VII, pl. 112 f. 4. — Frey. Beitr., pl. 70, f. 2 — Mill. Ic. pl. 104, f. 1. — Ann. Soc. Ent. B. I, p 102. — Spey. Geogr. Verb. II, p. 178. — Staud. Cat. p. 121, n° 1689.
Noctua areola, Esp. — N. lithorhiza, Bkh. — N. operosa, Hb. — Xylina lithorhiza, Treits. — Xylocampa lithorhiza, Guen. — X. areola, Stg.

Cette noctuelle habite toute l'Europe occidentale mais ne paraît pas dépasser à l'Est le 30° de long. On la rencontre depuis le nord de l'Angleterre et le Holstein jusqu'en Espagne (37°), en Corse et dans le nord-ouest de l'Asie Mineure. Elle est assez commune en Belgique.

La chenille vit en mai et en juin sur les chèvrefeuilles ; elle se tient cachée à terre pendant le jour et se métamorphose à l'intérieur d'un cocon formé en grande partie de débris de végétaux.

La noctuelle éclot quelquefois en juillet et août, mais le plus souvent elle ne fait son apparition qu'en mars ou au commencement d'avril de l'année suivante.

Nous reproduisons la chenille figurée par M. Millière.

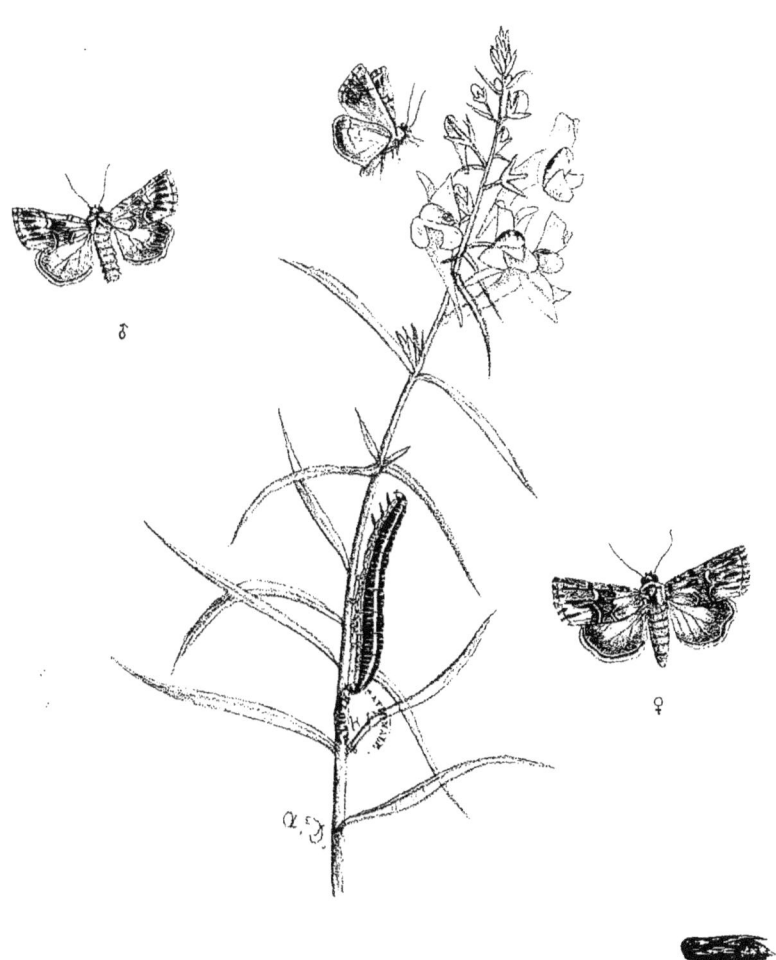

Calophasie de la Linaire.

CALOPHASIE DE LA LINAIRE

CALOPHASIA LUNULA, Hufn.

LEINKRAUT — EULE.

Hufn. Berl. M. III, p. 394. — Sch. Syst. verz. p. 73.—Fab. Mant. p. 167. — Esp. pl. 121, f. 4-5. —Hubn. f. 252.—Treits. V, 3, p. 77. — Dup. VII. pl. 110, f. 6. — Boisd. Ind, p. 152, n° 1220. — Frey. N. Beitr. pl. 171. — Gn II, p. 163. — Led. Noct. pp. 40, 161. — Ann. Soc. ent. B. I, p. 103. — Spey. Geogr. verb. II, p. 176. — Staud. Cat. p. 121, n° 1700.

Phalæna lunula, Hufn. — Noctua linariæ, Sch. — Xylina linariæ, Treits. — Cleophana linariæ, Boisd. — Calophasia linariæ, Step. — C. lunula, Led.

Ce lépidoptère habite l'Europe centrale et septentrionale jusqu'au 57°; son aire géographique est limitée à l'Est par les monts Ourals et la Turquie; dans le midi on l'observe en France, en Italie et en Sardaigne.

Il est rare en Belgique : il a été capturé seulement aux environs de Liège et de Huy.

On trouve la chenille en juin et en août sur la linaire commune *(Linaria vulgaris)*. Les métamorphoses ont lieu à terre à l'intérieur d'un cocon de consistance parcheminée.

L'insecte parfait vole en plein jour durant les mois de mai et de juillet.

Nous reproduisons la chenille et la chrysalide figurées par Freyer.

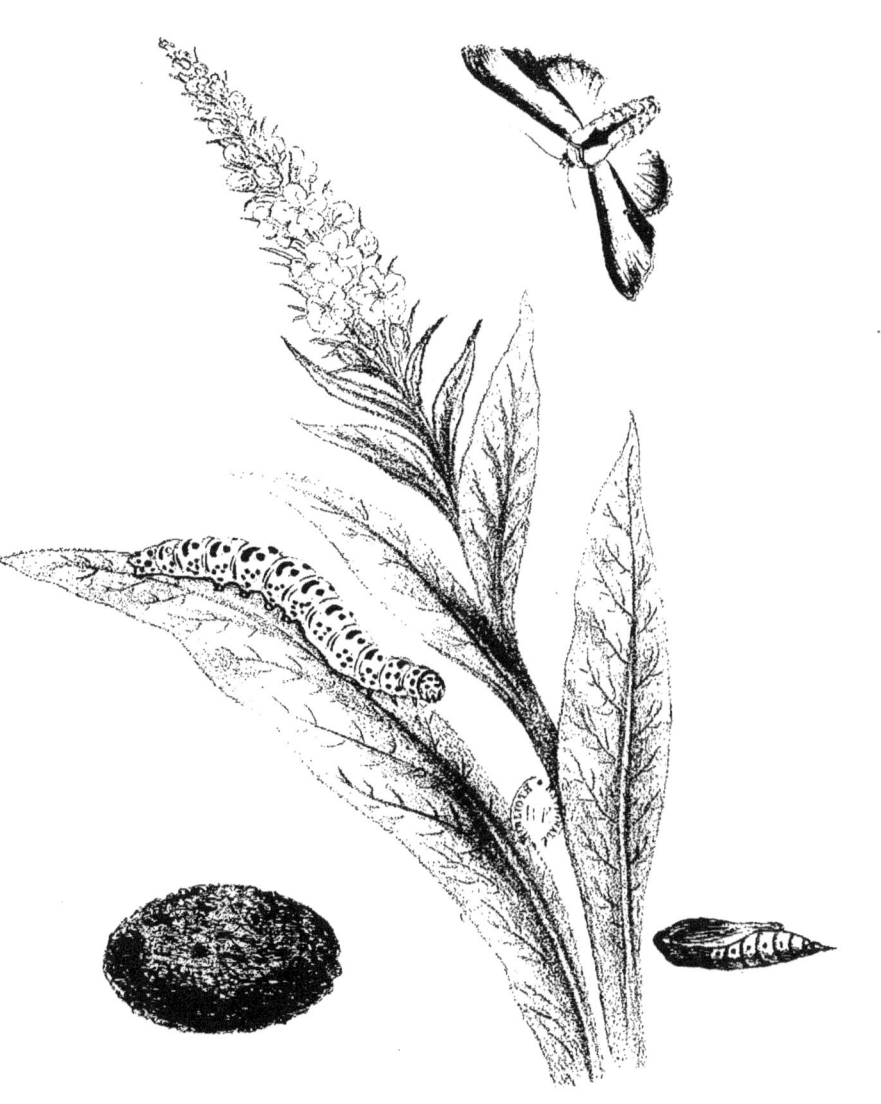

Cucullié de la Molène,

sur le Bouillon blanc.

CUCULLIE DE LA MOLÈNE.

CUCULLIA VERBASCI, STEP.

THE MULLEIN. — WOLLKRAUT EULE.

Treits., t. V, 3, p. 127 — Esp., t. IV, pl. CXXXIX — Spey., GEOGR. VERB., t. II, p. 184. — Boisd., p. 155, n° 1255. — Frey., BEIT., t. II, n° 108, p. 107. — Lederer, NOCT., p. 164. — PHALÆNA VERBASCI, Lin. — NOCTUA VERBASCI, Esp.

La Suède, la Livonie, la Russie, l'Allemagne, la Grande-Bretagne, la Belgique, la Hollande, la France, l'Italie et l'Espagne sont les pays où l'on rencontre cette noctuelle, qui est assez commune dans la majeure partie de ces contrées.

La chenille vit en juin et juillet, en société plus ou moins considérable, sur les feuilles et les fleurs de la molène lychnite (*Verbascum lychnitis*), de la molène noire (*V. nigrum*) et du bouillon blanc (*V. thapsus*); on trouve toujours sur ces plantes, des chenilles de cette espèce dans leurs différents âges. Aussitôt que l'époque de la métamorphose est arrivée, la chenille se construit, à la surface du sol, mais dans un lieu abrité, une sorte de cocon assez solide et de forme plus ou moins sphérique, il est composé de terre et de fragments de feuilles ; dans l'intérieur se trouve la chrysalide qui est d'un brun rougeâtre. Ce n'est qu'en avril ou mai de l'année suivante, qu'a lieu l'éclosion de l'insecte parfait; parfois même, il reste deux ans sous la forme de chrysalide. On rencontre au printemps, ce lépidoptère voltigeant dans le voisinage des plantes indiquées plus haut.

Nous croyons devoir faire remarquer aux amateurs, qu'il est de la plus grande nécessité d'humecter de temps à autre les cocons de cette noctuelle, pour favoriser d'abord leur développement et ensuite les empêcher de se sécher, ce qui arrive presque toujours si l'on néglige cette précaution.

Cucullie de la scrophulaire
sur la scrophulaire aquatique.

CUCULLIE DE LA SCROPHULAIRE

CUCULLIA SCROPHULARIÆ, Schiff.

THE WATER BETONY

Schiff. W. V. p. 312.—Esp. Schm. IV, pl. 180, f. 4. — Hubn. Noct. pl. 55, f. 267. — Treits. Schm. Eur..V, 3, p. 130. — Ramb. Ann. Soc. ent. Fr. 1833, p. 14, pl. 1, f. 1.—Dup. Lep. de Fr. VII, pl. 124, f. 3. — Frey. Beitr. pl. 83. — Ann. Soc. ent. B. I, p. 103. — Spey. Geogr. Verb. II, p. 184. — Staud. Cat. p. 122, n° 1713.

Noctua scrophulariæ, Sch. — Cucullia scrophulariæ, Treits.

La cucullie de la scrophulaire est plus ou moins répandue dans l'Europe centrale et méridionale, depuis l'Angleterre jusqu'à l'Oural et le Caucase, et depuis le sud de la Scandinavie jusqu'à l'île de Corse. Elle est rare en Belgique.

On trouve la chenille, à partir de la fin de juillet jusqu'en septembre, sur les scrophulaires *(Scrophularia nodosa* et *aquatica)* dont elle mange de préférence les fruits ; elle vit également sur la molène *(Verbascum blattaria)*. Cette chenille est très-difficile à élever : sur cinquante on n'obtient quelquefois pas cinq lépidoptères.

Les métamorphoses ont lieu dans la terre ; l'insecte parfait vole en mai et en juin de l'année suivante.

Cucullie bréchette.

CUCULLIE BRECHETTE

CUCULLIA LYCHNITIS, Rbr.

Ramb. ANN. SOC. ENT. DE FR. 1833, p. 17, pl. I, 3. — God. et Dup. PAP. DE FR. III, pl. 36, f. 3. — GD. II, pp. 128-29. — Led. NOCT. p. 228. — Boisd. Rbr. et Gras. COLL. IC. CH. pl. 15, f. 1-4. — Spey. GEOGR. VERB. II, p. 185. — Staud. CAT. p. 122, n° 1714. — ANN. SOC. ENT. B. XIX, p. LXI; XX, p. LIX.

CUCULLIA SCROPHULARIÆ *Var.* LYCHNITIDIS, Spey.

Cette cucullie a été observée en Allemagne, en France, dans le sud de l'Angleterre, en Corse, dans la Russie méridionale et occidentale, ainsi qu'en Belgique. En 1875, M. Ch. Donckier de Donceel a trouvé dans les environs de Liège cinq chenilles de cette espèce, et l'année suivante il en captura encore une dizaine ; cela fait supposer que ce lépidoptère n'est pas fort rare dans la province de Liège et qu'on l'a confondu jusqu'ici avec le *C. scrophulariæ*.

On trouve la chenille en juillet et août sur les différentes espèces de molènes *(Verbascum lychnitis, pulverulentum, nigrum, sinuatum, phlomoïdes, phœniceum, etc.,)* dont elle mange les fleurs et les fruits.

L'insecte parfait éclôt en mai ou en juin de l'année suivante.

Nous figurons sur la planche ci-contre trois variétés de la chenille d'après l'Iconographie de Boisduval, Rambur et Graslin.

Cucullie astrée.

CUCULLIE ASTRÉE

CUCULLIA ASTERIS, Sch.

THE STARWORT. — STERNBLUM EULE.

Sch. Syst. verz. p. 312. — Esp. Schm. pl. 154, f. 2, 3. — Hb. Noct. f. 260-506. — Cur. B. E. I, pl. 45. — Treits. Schm. Eur. V, 3, p. 118. — Dup. VII, pl. 125, f. 1. — Ann. Soc. ent. B. I, p. 105. — Spey. Geogr. verb. II, p. 186. — Staud. Cat p. 122, n° 1718. Noctua asteris, Sch. — Cucullia asteris, Treits.

La Cucullie astrée est plus ou moins répandue entre le 60° et le 45°, depuis l'Angleterre jusqu'aux monts Altaï, et on la rencontre aussi bien dans les plaines que dans les régions montagneuses. Elle est rare en Belgique, où on l'observe particulièrement dans les provinces de Brabant et de Liège.

On trouve la chenille dans les clairières des bois, depuis le commencement de juillet jusqu'à la fin d'août, sur la verge d'or *(Solidago virga-aurea)* et sur l'aster *(Aster annuus)*; on l'observe parfois aussi dans les jardins sur les asters et les verges d'or cultivées. Elle se métamorphose dans une coque ovale, d'une consistance assez solide et formée d'un mélange de terre et de soie.

L'insecte parfait vole ordinairement en mai et en juin de l'année suivante; il arrive cependant parfois que quelques individus hâtifs éclosent au mois de septembre de la même année.

Cucullie ombrageuse.

CUCULLIE OMBRAGEUSE

CUCULLIA UMBRATICA, Lin.

THE SHARK. — HASENKOHL EULE.

Lin. S. N. X, p. 515 ; F. S. p. 315. — Esp. Schm. pl. 137, f. 1; pl 176, f. 6 — Hb. Noct. pl. 54, f. 263-64.—Haw. B. L. pp. 165-66.—Treits. Schm. Eur., V. 3, p. 105 ; X, 2, p.126. Step. H. III, pp. 88,89. — Frey. N. Beitr. pl. 447. — Sepp, Ned. ins. III, pl. 25. — Ann. Soc. ent. B. I, p. 105. — Spey. Geogr. Verb. II, p. 187. — Staud. Cat. p. 123, n° 1726.

Phalæna umbratica, L. — Noctua umbratica, Sch. — N. lucifuga, Esp. — N. tanaceti et lactucæ, Haw. — Cucullia umbratica, Treits. — C. tanaceti, lactucæ, lucifuga, Step. — C. sonchi, Hein.

Cette noctuelle est généralement commune dans les plaines, mais rare dans les régions montagneuses. On l'observe dans toute l'Europe centrale entre le 44° et le 60°; les monts Ourals forment sa limite orientale. Elle est assez commune en Belgique. Elle habite également l'Asie Mineure, l'Arménie et, d'après Guenée, l'Amérique du Nord.

On trouve la chenille depuis le mois de juillet jusqu'en septembre sur les laiterons *(Sonchus)*, les peucédans *(Peucedanum)*, le pissenlit *(Taraxacum)*, les plantains *(Plantago)*, les lamiers *(Lamium)*, etc. Elle se métamorphose à l'intérieur d'une coque solide formée de matières terreuses.

L'insecte parfait vole durant le jour depuis juin jusqu'en septembre.

Cucullie de la Camomille.

CUCULLIE DE LA CAMOMILLE

CUCULLIA CHAMOMILLÆ, Sch.

THE CHAMOMILE SHARK. — KAMILLEN EULE.

Schiff. Syst. Verz., p. 73. — Esp. Schm. pl. 193, f. 1, 2. — Hubn. Noct. f. 686-7. — Treits. Schm. Eur. V, 3, pp. 111-114; X, 2, p 127. — Dup. VII, pl. 127, f. 1. — Sepp, Ned. Ins. VII, pl. 26. — Rbr. Cat. s. and. pl. 9, f. 3. — Ann. Soc. ent. B. I, p. 103. — Spey. Geogr. verb. II, p. 189. — Staud. Cat. p. 123, n° 1731.

Noctua chamomillæ, Sch. — N. fissina, Haw. — Cucullia chamomillæ, Treits. — C. fissina, Step. — *Var.* : Calendulæ, Treits. — Leucanthemi, Rbr. — *Ab.* : Chrysanthemi, Hb.

Cette Cucullie habite l'Europe centrale et méridionale depuis l'Angleterre jusqu'au Volga, mais elle ne paraît pas exister en Scandinavie; elle est très-rare en Belgique.

La var. *Calendulæ* est répandue en Sicile, dans l'ouest de l'Asie Mineure et en Syrie; la var. *Leucanthemi* est propre à l'Espagne.

On trouve la chenille en juillet jusqu'au commencement d'août sur les fleurs de la camomille *(Matricaria chamomilla)* et des anthémides *(Anthemis arvensis* et *cotula)*.

L'insecte parfait éclôt en mai de l'année suivante.

Cucullie du Gnaphale.

CUCULLIE DU GNAPHALE

CUCULLIA GNAPHALII, Hb.

THE SHEPHERD'S PURSE. — RUHRKRAUT EULE.

Hubn. Noct. f. 582-83. — Treits. Schm. Eur. V, 3, p. 87; VI. 1, p. 412; X, 2, p. 124. — Dup. VII, pl. 125, f. 4. — Frey. N. Beitr. pl. 5.— Spey. Geogr Verb. II, p. 190. — Ann. Soc. ent. B. V, p. 66. — Staud. Cat. p. 124, n° 1741.

Noctua gnaphalii, Hb. — Cucullia gnaphalii, Treits. — C. thapsiphaga et C. solidaginis, Step.

Cette espèce est généralement rare partout: on la rencontre en Angleterre, en Allemagne, en Hongrie, en Russie, en Finlande, dans les Monts Altaï, en France et en Suisse. Feu le Dr Breyer dit avoir trouvé en Belgique (probablement dans les environs de Bruxelles) deux chenilles de cette espèce pendant l'été de 1861.

La chenille vit solitairement sur la verge d'or *(Solidago virga-aurea)* et on la trouve dans le courant de juillet jusqu'au commencement d'août. Elle se tient ordinairement fixée contre la tige de la plante; elle est extrêmement vive et se laisse tomber dès qu'on la touche. La chrysalidation a lieu à l'intérieur d'une coque solide formée d'un mélange de soie et de terre.

L'insecte parfait vole à la fin de mai et en juin.

Nous reproduisons la chenille et la chrysalide figurées dans l'ouvrage de Freyer.

Cucullie de l'Absinthe
sur l'Absinthe.

CUCULLIE DE L'ABSINTHE

CUCULLIA ABSINTHII, Lin.

THE WORMWOOD. — WERMUTH — EULE.

Lin. Syst. Nat. xii, p. 845. — Esp. Schm. pl. 116, f. 1-3. — Hubn. Noct. f. 258. — Treits. Schm. Eur.V. 3, p. 92. — Hufn. Berl. Mag. III, p. 416.— Dup. VII, pl. 125, f. 7. — Frey. N. Beitr., pl. 321. — Ann. Soc. ent. B. I, p. 103. — Spey. Geogr. verb. II p. 192. — Staud. Cat. p. 24, n° 1747.

Phalæna absinthii, Lin. — Ph. punctigera, Hufn.. — Noctua absinthii, Esp. — Cucullia absinthii, Treits.

Cette espèce habite la Russie centrale, méridionale et orientale jusqu'à l'Altaï, le sud de la Scandinavie, la Galicie, la Bulgarie, la Hongrie, l'Autriche, l'Allemagne et la Suisse; elle est rare en Piémont, en France et en Angleterre et assez rare en Belgique où on l'observe dans les provinces de Liége et de Brabant.

La chenille se montre en août et septembre sur l'armoise *(Artemisia vulgaris)* et sur l'absinthe *(A. absinthium)* dont elle mange principalement les fleurs. Les métamorphoses ont lieu dans la terre à l'intérieur d'un tissu parcheminé.

L'insecte parfait vole depuis la fin de juin jusqu'en août.

Abrostole triplasie

sur le Lamier pourpre.

Abrostole de l'Ortie,
sur la grande Ortie.

ABROSTOLE DE L'ORTIE.

ABROSTOLA URTICÆ, STEP.

THE SPECTACLE. — NESSEL EULE.

Ochsenh., t. V, 3, p. 145. — Spey., Geogr. Verb., t. II, p. 212.— Boisd., p. 157, n° 1258. — Frey., Neuer. Beitr., t. III, p. 131. — Phalaena triplasia, Esp. — Noctua urticae, Hüb. — N. Asclepiadis, Haw.

Cette espèce se rencontre en Sibérie, en Russie, en Suède, en Allemagne, en Hollande, en Grande-Bretagne, en Belgique, en France et en Italie.

La chenille vit, de juillet en septembre, sur les orties (*Urtica dioïca* et *U. urens*), mais elle se tient toujours de préférence dans les endroits où le terrain est plus ou moins accidenté. Il est assez difficile de la trouver, parce qu'au moindre attouchement des feuilles, elle se laisse choir pour se perdre dans le feuillage.

La chrysalidation se fait près du sol, entre des feuilles ou simplement sur la terre nue.

L'insecte parfait éclot au bout de trois semaines, mais ordinairement il hiverne dans sa coque pour n'apparaître qu'au mois d'avril ou de mai de l'année suivante. Alors il n'est pas rare de le trouver, vers le soir, dans les endroits riches en fleurs.

Abrostole C d'or
sur l'ancolie commune.

ABROSTOLE C D'OR

PLUSIA C AUREUM, Knoch.

GOLDENE C EULE

Knoch, Beitr. I, p. 7, pl. 1, f. 2. — Esp. Schm. pl. 110, f. 5. — Fab. Mant. insect. p. 161. — Hubn. Noct. pl. 59, f. 287. — Treits. Schm. Eur. V, 3, p. 161.—Dup. VII, pl. 139, f. 3. — Boisd. Ind. p. 157. — Frey. N. Beitr. pl. 76. — Ann. Soc. ent. B. I, p. 104. — Spey. Geogr. verb. II, p. 213. — Staud. Cat. p. 125, n° 1762.

Noctua c aureum, Kn. (1781). — Noctua concha, F. (1787). — Plusia concha, Treits.— Chrysoptera concha, Boisd. — Plusia c aureum, Stgr.

Cette noctuelle est peu répandue; elle a été observée en Allemagne, en Suisse, en Belgique, en Piémont, en Hongrie, en Russie (sauf dans les parties septentrionales), en Finlande, en Arménie et dans l'Altaï. En Belgique, c'est M. de Francquen qui l'observa pour la première fois dans les environs de Huy.

La chenillle vit en mai et en juin, sur les pigamons ou thalictres *(Thalictrum flavum et aquilegifolium)* ainsi que sur l'ancolie commune *(Aquilegia vulgaris)* ; elle se tient toujours à l'ombre et sur la partie inférieure des feuilles. Freyer fait remarquer que cette chenille est petite relativement à l'insecte parfait. La chrysalidation a lieu à l'intérieur d'un cocon blanc.

La noctuelle vole en juillet, c'est-à-dire quinze à vingt jours après la métamorphose de la chenille.

La chenille et la chrysalide de notre planche sont faites d'après Freyer.

Abrostole dorée
sur l'Aconit napel.

ABROSTOLE DORÉE

PLUSIA MONETA, Fab.

SILBERGEZEICHNETE EULE

Fab. Mant. ins. p. 162. — Esp. Schm. IV, pl. 112, f. 1 et p. 218. — Hubn. Noct. pl. 59, f. 289; Beitr. I, 3, pl. 3. — Treits. Schm. Eur. V, 3, p. 158. — Dup. VII, pl. 139, f. 2. — Boisd. Ind. p. 157. — Frey. N. Beitr. pl. 71. — De Vill. Ent. Linn. II, p. 275. — Ann. Soc. ent. B. XVI, p. 41. — Spey. Geogr. verb. II, p. 212 — Staud. Cat. p. 125, n° 1764.

Noctua moneta, Fab. — N. flavago et argyritis, Esp. — N. napelli, De Vil. — Chrysoptera moneta, Boisd. — Plusia moneta, Treits.

L'abrostole dorée habite le Sud de l'Allemagne, la Suisse, les provinces méridionales et orientales de la France, le Piémont, l'Andalousie, la Hongrie, la Pologne, la Finlande, la Russie (sauf la zone septentrionale), l'Altaï et la Sibérie orientale. Cette espèce a été prise pour la première fois en Belgique par M. Donckier, qui l'a capturée sur la rive gauche de la Meuse, le 26 juin 1872.

La chenille vit en mai et en juin sur les aconits *(Aconitum napellus et lycoctonum)* ; Freyer fait observer qu'on la trouve plus souvent sur l'aconit napel, répandu dans tous les jardins, que sur l'aconit tue-loup. Cette chenille se tient entre des feuilles réunies par des fils de soie, et le plus souvent à la partie supérieure de la plante. Elle se métamorphose dans un cocon blanc fixé également entre les feuilles de la plante nourricière. L'insecte parfait prend son essor à la fin de juin ou au commencement de juillet.

Nous reproduisons la chenille et la chrysalide figurée par Freyer.

Abrostole vert-doré,
sur l'Origanum vulgaire.

ABROSTOLE VERT-DORÉ

PLUSIA CHRYSITIS, Lin.

BURNISHED BRASS. — HANFNESSELEULE.

Lin. S. N. x, p. 513; F. S. p. 311. — Esp. Schm. 109, f. 1-5. — Hubn. Noct. f. 272,662-3.
— Treits. Schm. Eur. V, 3, p. 169. — Dup. VII, pl. 135, f. 3-4. — Frey. Beitr. pl. 89.—
Ann. Soc. ent. B. I, p. 104.—Spey. Geogr.Verb. II, p. 215.—Stgr. Cat. p. 126, n° 1773.
Phalæna chrysitis, L. — Noctua chrysitis, Hb. — Plusia chrysitis, Treits.

Cette espèce est commune dans toute l'Europe à partir du 62°, et s'élève jusqu'aux régions subalpines ; elle est très-commune en Belgique. Elle habite également toute l'Asie centrale, l'Asie mineure et les îles Canaries.

Il y a deux générations de chenilles : la première se montre en juin, la seconde en août et septembre. On trouve ces chenilles sur les orties et sur des labiées, mais principalement sur les plantes suivantes : *Origanum vulgare, Galeopsis tetrahit* et *cannabina, Lamium album, Marrubium vulgare, Mentha sylvestris, Carduus nutans, Borrago officinalis, Arctium lappa, Onopordum acanthium, Verbascum thapsus, Dipsacus fullonum*, etc.

La chrysalidation a lieu à l'intérieur d'un tissu blanc et mou.

L'insecte parfait vole le soir sur les fleurs des jardins et des prés ; on le rencontre en mai et en août.

1. Abrostole riche, 2. A. jota.

ABROSTOLE RICHE
PLUSIA FESTUCÆ, Lin.

Lin. S. N. X, p. 513; F. S. p. 311. — Esp. pl. 113, f. 6. — Hubn. f. 277. — Treits. Schm. Eur. V, 3, p. 165. — Dup. pl. 135 f. 4. — Frey. N. Beitr. pl. 100. — Ann. Soc. ent. B. I, p. 104. — Spey. Geogr. verb. II, p. 217. — Staud. Cat. p. 126, n° 1779.
Phalæna festucæ, Lin. — Noctua festucæ, Sch. — Plusia festucæ, Treits.

Cette espèce est répandue depuis l'Angleterre jusqu'à l'Altaï et la province de l'Amour; on la rencontre presque partout entre le 62° et le 42°. Elle est commune en Belgique.

On trouve la chenille en mai et en juin dans les endroits humides, sur les carex *(Carex riparia* et *vesicaria)*, les fétuques *(Festuca)* et autres plantes voisines.

Les métamorphoses ont lieu dans un cocon grisâtre fixé aux plantes nourricières. L'insecte parfait vole en juillet et en août; on le rencontre alors vers le soir dans les champs de trèfles et dans les prés humides.

ABROSTOLE JOTA
PLUSIA JOTA, Lin.

Lin. Syst. Nat. X. 513; XII, p. 814. — Esp. pl. 113, f. 3 et 5. — Dup. VII, pl. 136, f. 3. — Sepp, Ned. ins. VI, pl. 49. — Treits. V, 3, p. 181. — Ann. Soc. ent. B. I, p. 105. — Spey. Geogr. verb. II, p. 218 — Stg. Cat. p. 126, n° 1788.
Phalæna jota, Lin. — Noctua jota, Esp. — Plusia jota, Treits. — Ab. : Percontationis, Tr. — Inscripta, Esp.

Cette noctuelle habite la zone tempérée de l'Europe et de l'Asie, depuis l'Angleterre jusqu'en Chine; elle est assez généralement répandue sur notre continent entre le 67° et le 44°. Elle est assez rare en Belgique.

La chenille hiverne; on la retrouve en avril et en mai sur les lamiers *(Lamium album* et *Galeopsis galeopdolon)*, les orties *(Urtica dioica* et *urens)*, la bardane *(Arctium lappa)*, l'airelle, etc. Elle se métamorphose dans un léger cocon.

L'insecte parfait prend son essor en juin ou en juillet et on le rencontre alors, dans la soirée, sur la lisière des bois et dans les jardins.

1. Abrostole du dompte-venin. 2. A.V doré.

ABROSTOLE DU DOMPTE-VENIN

PLUSIA ASCLEPIADIS, Schiff.

Schiff. S. V. p. 91. — Hb. f. 627. — Treits. V, 3, p. 142. — Dup. VII, pl. 132, f. 2. — Frey. N. Beitr. pl. 286. — Gn. II, p. 322. — Spey. Geogr. Verb. II, p. 211. — Ann. Soc. Ent. B. XXV, p. x. — Staud. Cat. p. 125, n° 1760.

Noctua asclepiadis, Sch. — Plusia asclepiadis, Treits. — Abrostola asclepiadis, Boisd.

Cette abrostole a été observée en Allemagne, en Suisse, en France, en Hongrie, en Dalmatie, en Galicie et dans le midi de la Russie. M. Lallemand en a pris un exemplaire en Belgique, à Anseremme, le 23 juin 1879.

La chenille vit en juillet et août sur le dompte-venin *(Vincetoxicum album)*; elle croit lentement et se tient cachée, pendant le jour, à terre sous des feuilles. Les transformations ont lieu dans un léger tissu entre des feuilles. L'insecte parfait vole en mai et juin de l'année suivante.

ABROSTOLE V DORÉ

PLUSIA PULCHRINA, Haw.

Haw. Lep. Br. p. 256. — Gn. II, p. 339. — Treits. V, 3, p. 181 (pro parte). — Mén. Bull. phys. math. 1859, p. 135. — Frey. Beitr. pl. 94. — Spey. Geogr. verb. II, p. 218 (pro parte). — Ann. Soc. ent. B. XIV, p. xlvii. — Staud. Cat. p. 127, n° 1789.

Noctua pulchrina, Haw. — ? N. interrogationis, Esp. — N. jota, Hb. — Plusia jota et pulchrina, Step. — P. inscripta, Doub. — P. v aureum, Gn. — P. bartholomæi, Mén.

Cette noctuelle a été observée en Angleterre et dans diverses parties de l'Europe centrale, surtout en Allemagne. M. le Baron de Selys-Longchamps l'a prise en Ardenne et M. Fologne l'a également capturée en Belgique. Certains auteurs la considèrent comme une simple variété du *P. Jota.*

La chenille vit en septembre sur les orties, l'épiaire *(Stachys sylvatica)* et sur l'airelle. Elle hiverne et a atteint toute sa taille vers le milieu de mai. Les métamorphoses ont lieu entre des feuilles et l'insecte parfait vole en juin.

Abrostole lambda.

ABROSTOLE LAMBDA

PLUSIA GAMMA, Lin.

THE SILVER Y. — ZUCKERERBSENEULE.

Lin. S. N. X, p. 513; F. S. p. 312. — Esp. Schm. pl. 111, f. 1. — Hubn. Noct. f. 283. — Treits. V, 3, p. 185. — Dup. VII, pl. 136. f. 4. — Frey. Beitr. pl. 106; N. Beitr. pl. 544, f. 1. — Ann. Soc. ent. B. I, p. 105. — Spey. Geogr. verb. II, p. 219. — Staud. Cat. p. 127, n° 1791.
Phalæna gamma, Lin. — Noctua gamma, Esp. — Plusia gamma, Treits. — *Ab.*: Nigricans, (Frey.)

C'est l'un des lépidoptères les plus communs de l'Europe; il est répandu partout; on le rencontre jusqu'à la région polaire (63°) et il s'élève sur les montagnes jusqu'à la limite des arbres. En Asie, on l'observe dans toute la zone froide et tempérée jusqu'au Japon à l'Est et le Cachemir au Sud. En Afrique il descend jusqu'en Abyssinie. Il n'est pas rare non plus au Groenland et dans l'Amérique septentrionale, et, suivant Schmarda, il existerait aussi en Australie.

Cette espèce a plusieurs générations par année, aussi trouve-t-on la chenille pendant toute la belle saison. La femelle dépose ses œufs sur le revers des feuilles et ils éclosent au bout d'une quinzaine de jours. Les chenilles, quand elles sont nombreuses, occasionnent de grands dégâts dans les champs et les jardins, car elles s'attaquent à presque toutes les plantes utiles; les plantes potagères, les légumineuses, la pomme de terre, le lin, le chanvre et même le tabac ont à souffrir de leurs atteintes; un grand nombre de plantes d'ornement ne sont pas épargnées davantage.

Cette noctuelle hiverne sous forme d'œuf, de chenille et de chrysalide.

L'insecte parfait apparaît au printemps et on le rencontre jusqu'à la fin de l'automne; il n'est même pas rare d'en trouver en novembre et en décembre qui ont cherché un abri sous les toitures en chaume. Il vole aussi bien pendant le jour que durant la nuit.

1. Edie pie, 2. Anarte myrtille.

EDIE PIE
AEDIA FUNESTA, Esp.

Esp. pl. 88, f. 6 ; 135, f. 3. — Hb. f. 304. — Treits. V, 3, p. 321. — God. V, pl. 53, f. 2. — Frey. N. Beitr. pl. 347. — Ann. Soc. ent. B. I, p. 106. — Spey. Geogr. Verb. II, p. 228. — Staud. Cat. p. 127, n° 1804.

Noctua funesta et alchymista, Esp. — N. leucomelas, Hb. — Catephia leucomelas, Treits. — Aedia leucomelas, Led. — Ae. funesta, Stg.

Cette noctuelle habite l'Allemagne centrale et méridionale, la Hongrie, le nord des Balcans, le midi de la Russie, la France centrale, la Belgique, le nord de l'Italie, le sud-ouest de l'Asie Mineure, l'Arménie et la Syrie.

On trouve la chenille en juillet et août sur les liserons et en particulier sur le *Convolvulus sepium*, mais elle se tient cachée à terre pendant la journée. En septembre elle se file un cocon formé en grande partie de terre, mais la métamorphose n'a lieu qu'en mars de l'année suivante. L'insecte parfait vole à la fin de mai et en juin.

ANARTE MYRTILLE
ANARTA MYRTILLI, Lin.

Lin. F. S. p. 311. — Hufn. Berl. Mag. III, p. 292. — Esp. pl. 165, f. 1-3. — Hb. pl. 21, f. 98. — Treits. V, 3, p. 201. — Dup. VII, pl. 118, f. 1. — Sepp, III, pl. 29. — Ann. Soc. ent. B. I, p. 105. — Spey. Geogr. verb. II, p. 197. — Staud. Cat. p. 127, n° 1805.

Phalæna myrtilli, L. — Ph. ericæ, Hufn. — Anarta myrtilli, Treits.

Ce joli petit lépidoptère est répandu presque partout où croissent des bruyères, depuis le 37° jusqu'au 63° ; Moscou paraît être sa limite orientale. Il est peu commun en Belgique.

On trouve la chenille en juin et en septembre sur les bruyères et les airelles ; la chysalidation a lieu à terre dans la mousse.

La noctuelle vole rarement en août, mais on l'observe généralement en mai et en juin. On la rencontre dans les bois des environs de Bruxelles et de Liège, ainsi que dans les bruyères de la Campine.

1. Héliaque polynome, 2. Héliothe dipsacé.

HELIAQUE POLYNOME
HELIACA TENEBRATA, Scop.

Scop. Ent. Carn p. 230. — Fab. Syst. Ent. p. 616 — Schiff. S. V. p. 94. — Esp. IV, 1, p. 555.— Hb. f. 316. —Treits. V. 3, p. 212. — Z Is 1847, p. 450.— Led. Noct. pp 42, 176. — Dup. VII, pl. 118, f. 4. — Frey. Beitr. pl. 119. — Ann. Soc. ent. B. I, p. 105 —Spey. Geogr. Verb. II, p. 99. — Staud. Cat. p. 128, n° 1817.
Noctua tenebrata, Scop. (1763). — N. arbuti. F. (1775). — N. heliaca, Sch. (1776). — N. fasciola, Esp.—Anarta heliaca, Treits.—Panemeria arbuti et Gymnopa heliaca, Step. — P. tenebrata, Sp. — Heliaca tenebrata. Led. — *Var.* : Jacosa, Z.

Cette espèce est répandue entre le 56° et le 38°, depuis l'Angleterre jusqu'à la longitude de Moscou. Elle est commune en Belgique.

La chenille vit en juin et en juillet sur les céraistes *(Cerastium)* et sur la salicaire *(Lythrum salicaria)*, et se métamorphose dans la terre à l'intérieur d'une coque. L'insecte vole en plein jour dans les prés, pendant les mois d'avril et de mai.

HELIOTHE DIPSACÉ
HELIOTHIS DIPSACEUS, Lin.

Lin. S. N. XII, p. 856. — Esp. pl. 172, f. 1-3. — Hb. f. 311. — Treits. V, 3, p. 220. — Dup. VII, pl. 119, f. 2. — Frey. N. Beitr. pl 491. — Gn. II, p. 181. — Ann. Soc. ent. B. I, p. 105. — Spey. Geogr. verb. II, p. 196. — Staud. Cat. p. 129, n° 1833.
Phalæna dipsacea, L. — Noctua dipsacea, Sch. — Heliothis dipsaceus, Treits.

Habite toute l'Europe jusqu'au 60° ainsi que l'Asie centrale jusqu'en Chine. Elle est rare en Belgique où on la rencontre parfois dans les terrains rocailleux des environs de Namur.

La chenille vit de juillet en septembre sur le chardon foulon *(Dypsacus sylvestris)*, la jacée *(Centaurea jacea)*, la linaire, le plantain, l'arrête-bœuf *(Ononis arvensis)*, les dauphinelles *(Delphinium)*, etc. L'insecte parfait vole depuis la fin de mai jusqu'en août sur les berges exposées au soleil et dans les champs de trèfle.

1. Héliothe peltigère, 2. H. armigère.

HÉLIOTHE PELTIGÈRE
HELIOTHIS PELTIGER, Sch.

Schiff. Syst. Verz., p. 89. — Esp. pl. 135, f. 2. —Bkh. IV, p. 93. —Fab. E. S. p. 111.—Hb. f. 310. — Treits. V, 3, p. 227. — Dup. VII. pl. 119, f. 5.—Frey. N. Beitr. pl. 167. — Ann. Soc. ent. B. I, p. 106. — Spey. Geogr. verb. II, p. 195. — Staud. Cat. p. 129, n° 1836.
Noctua peltigera, Sch. — N. barbara, F. — N. florentina, Esp. — N. scutigera, Bkh. — Heliothis peltigera, Treits.

Cette noctuelle habite l'Europe méridionale, centrale et occidentale, la Hongrie, l'Asie Mineure, l'Arménie le nord-ouest de l'Afrique ainsi que les îles Madères et Canaries. Elle est très rare en Belgique où elle a été prise dans les provinces de Brabant et de Liège.

On trouve la chenille en juillet et en août sur la jusquiame *(Hyoscyamus niger)* et le tabac. Elle se métamorphose à terre dans un léger tissu. L'insecte parfait vole en septembre, mais surtout en mai et en juin de l'année suivante.

HÉLIOTHE ARMIGÈRE
HELIOTHIS ARMIGER, Hb.

Hubn. f. 370. — Treits. V, 3, p. 230. — Dup. VII, pl. 119, f. 6-7. —Frey. N. Beitr. pl. 203. — Gn. II, p 181. — Spey. Geogr. verb. II, p. 194. — Ann. Soc. ent. B. I, p. 106. — Staud. Cat. p. 130, n° 1838.
Noctua armigera, Hb. — Heliothis armigera, Treits.

On rencontre cette espèce dans l'Europe méridionale et centrale jusque vers le 51°, ainsi qu'en Asie mineure et dans le nord de l'Afrique. Elle est très rare en Belgique où on l'observe parfois dans la province de Liège.

La chenille vit de juin jusqu'en août sur les résédas *(Reseda lutea* et *luteola)*, la luzerne, le plantain, etc. et se métamorphose dans la terre. Une partie des papillons éclosent en août et septembre, les autres en mai et juin, et volent en plein jour.

Chariclé Incarnat
sur la Dauphinelle.

CHARICLÉ INCARNAT

CHARICLEA DELPHINII, Lin.

RITTERSPORN-EULE.

Lin. S. N. x, p. 518; xii, p. 857. — Esp. pl. 175, f. 1-4. — Hb. f. 204, 662. — Treits. V, 3, p. 82. — Dup. VII, pl. 110, f. 1. — Gn. II, p. 168. — Spey. Geogr. Verb. II, p. 194 — Staud. Cat. p. 130, n° 1842. — Ann. Soc. ent. B. XXI, p. xx.
Phalæna delphinii, L. — Noctua delphinii, Hb. — Chariclea delphinii, Step. — Xylina delphinii, Treits.

Cette jolie noctuelle habite l'Europe centrale et l'Asie Mineure, depuis l'Angleterre jusqu'à l'Oural, et depuis le 40° jusqu'au 57°. M. Ch. Donckier la signale comme ayant été capturée en Belgique.

On trouve la chenille dans les jardins depuis le commencement de juin jusqu'à la fin d'août, sur les dauphinelles et particulièrement sur le *Delphinium ajacis*, dont elle mange les fleurs et les fruits. Elle atteint son entier développement au bout d'une quinzaine de jours et se métamorphose dans la terre à l'intérieur d'une coque ovoïde.

Quand on met plusieurs de ces chenilles dans la même boite, les plus fortes dévorent les plus faibles.

L'insecte parfait vole à la fin de mai jusqu'à la fin de juillet; il est assez commun aux environs de Paris.

Nous figurons la chenille et la chrysalide d'après l'*Iconographie* de Boisduval et Rambur.

1. Chériclé chrysographe, 2. Acontia funèbre

CHARICLÉ CHRYSOGRAPHE

CHARICLEA UMBRA, Hufn.

Hufn. Berl. Mag. III, p. 291. — Fab. S. E. p. 610. — Sch. Syst. Verz. p. 86. — Esp. pl. 187, f. 7, 8. — Bkh. IV, p. 123. — Treits. V. 3, p. 232. — Dup. VII, pl. 119, f. 8. — Led. Noct. p. 43. — Ann. Soc. ent. B. I, p. 106. — Staud. Cat. p. 130, n° 1846.
Phalæna umbra, Hufn. (1767). — Noctua marginata, F. (1775). — N. rutilago, Sch. — N. conspicua, Bkh. — N. umbrago, Esp. — N. marginago, Haw. — Heliothis marginata, Treits. — Pyrrhia marginata, W. — Chariclea umbra, Led.

On rencontre généralement cette noctuelle, entre le 60° et le 38°, depuis l'Angleterre jusqu'aux contrées de l'Amour ; elle est assez commune en Belgique.

La chenille vit en août sur la bugrane *(Ononis spinosa)* et sur le *Pelargonium* des jardins ; elle se métamorphose dans la terre à l'intérieur d'un léger tissu, et l'insecte parfait vole en mai et en juin.

ACONTIA FUNÈBRE

ACONTIA LUCTUOSA, Sch.

Schiff. S. V. p. 90. — Esp. pl. 88, f. 4. — Hb. pl. 305-6. — View. Tab. Verz. II, p. 19. — Treits. V, 3, p. 247. — Dup. VII, pl. 121, f. 3, 4. — Frey. N. Beitr. pl. 346. — Ann. Soc. ent. B. I, p. 106 ; XIII, p 32. — Staud. Cat. p. 131, n° 1853.
Noctua luctuosa, Sch. — N. italica, View. — Acontia luctuosa, Treits.

Cette espèce habite l'Europe centrale et méridionale, la Livonie, l'Asie Mineure, l'Arménie, l'Altaï, l'Algérie et le Maroc septentrional. Elle est très rare en Belgique.

La chenille vit en mai et en juin sur les liserons *(Convolvulus)* et se métamorphose dans la terre.

L'insecte parfait vole en juillet et en août dans les clairières et sur la lisière des bois.

1. Erastrie argentule, 2. E. ancre

ERASTRIE ARGENTULE

ERASTRIA ARGENTULA, Hubn.

Hb. f. 292; Beitr. I. 2, f. 2, F. — Esp. pl. 163, f 4. — Fab. Sp. 275 — Treits. V, 3, p. 255. — Dup. VII, pl. 123 f. 2. — Frey. N. Beitr. pl. 599. — Ann. Soc. ent. B. I, p. 109. — Spey Geogr verb. II, p. 204. — Staud. Cat. p. 133, n° 1893.
Noctua argentula et divea. Hb. — Pyralis bankiana, Fab. — Tortrix bankiana, Götz. — Erastria argentula, Treits. - E. bankiana, Led. — Anthophila argentula, Boisd.

Ce petit lépidoptère habite l'Europe centrale, le Nord de l'Italie, la Turquie septentrionale et orientale, la Livonie, le Sud de la Russie, l'Arménie, l'Hyrcanie, les monts Altaï et les rives de l'Amour. Il est très commun en Belgique dans les prairies entourées de bois.

On trouve la chenille en juillet sur des cypéracées et particulièrement sur les carex; elle se métamorphose soit à terre, soit entre des brins d'herbe, à l'intérieur d'un léger cocon. La noctuelle vole en mai et en juin de l'année suivante.

ERASTRIE ANCRE

ERASTRIA UNCANA, Lin.

Lin. S. N. p. 875, 284; F. S. p. 312. — Esp. pl. 164, f. 7. — Hubn. f. 293. — Treits. V, 3, p. 253. — Dup. VII, pl. 123, f. 4. — Frey. N. Beitr. pl. 598. — Ann. Soc. ent. B. I, p. 109. — Spey. Geogr. verb. II, p. 204. — Staud. Cat. p. 133, n° 1894.
Geometra et Tortrix uncana, Lin. — Noctua unca. Sch. — Pyralis uncana, F. — Erastria unca, Treits. — E. uncana. Led. — E. uncula, Stg. — Agrophila unca, Boisd.

Cette espèce est répandue en Europe et en Asie, entre le 60° et le 45°, depuis l'Angleterre jusqu'à l'Amour ; elle est peu commune en Belgique.

La chenille vit en juillet sur les carex. Elle se métamorphose sur le sol entre des fragments de plantes mélangés à de la terre. L'insecte parfait vole en mai et en juin de l'année suivante dans les prairies marécageuses.

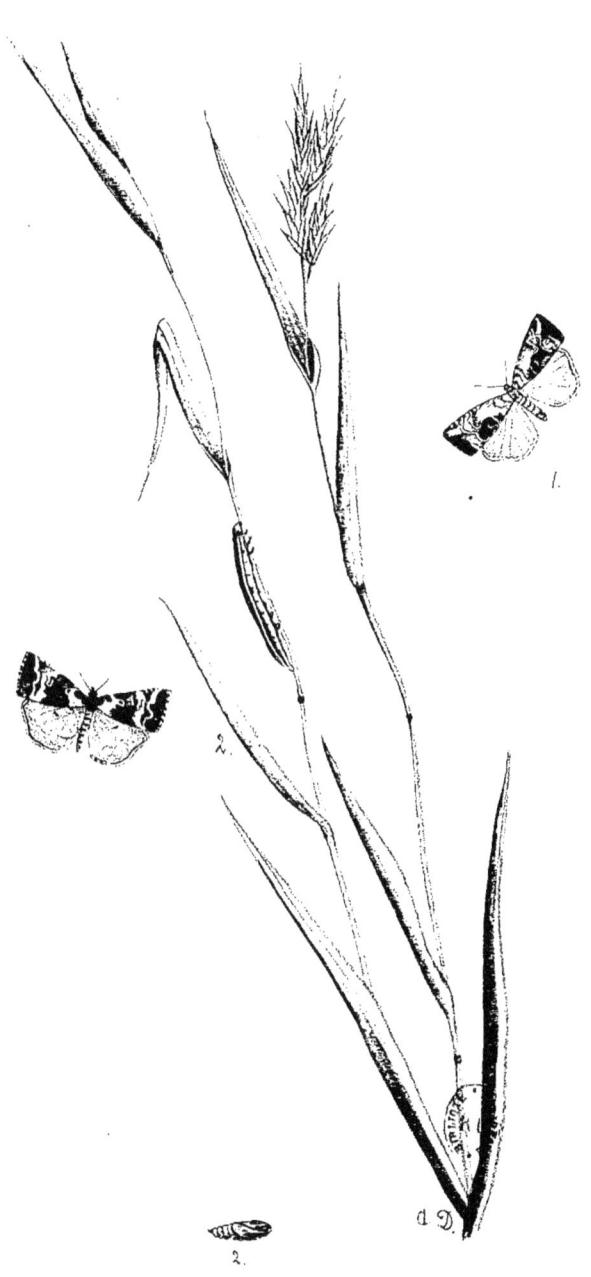

1.Erastrie vénustule.2.E.atratule

ERASTRIE VÉNUSTULE

ERASTRIA VENUSTULA, Hubn.

Hb. Beitr. II, 3, pl. 4. z ; Noct. f. 294. — Treits. V, 3, p. 264. — Dup. III, pl. 47, f. 5. — Ann. Soc. ent. B. III, p. 133. — Spey. Geogr. verb II, p. 203. — Staud. Cat. p. 134, n° 1897.
Noctua venustula, Hb. — Erastria venustula, Treits.

Cette espèce habite l'Europe centrale, le Nord des Balkans, la Russie méridionale, l'Arménie et l'Altaï ; elle est très rare en Belgique, où elle a été trouvée pour la première fois par M. Ch. De Fré dans le bois d'Heverlé, le 13 juillet 1858.

La chenille est inconnue.

ERASTRIE ATRATULE

ERASTRIA DECEPTORIA, Scop.

Scop. Ent. carn. p. 214. — Hufn. Rott. Naturf. IX, p. 133. — Sch. S. V. 89. — Fab. Gen. p. 289. — Borkh. IV, p. 194. — Hb. f. 296. — Treits. V. 3, p. 261. — Dup. III, pl. 47, f. 8. — Frey. N. Beitr. pl. 693, f. 2. — Ann. Soc. ent. B. I, p. 110. — Spey. Geogr. verb. II, p. 203 — Staud. Cat. p. 134, n° 1900.
Phalæna deceptoria, Scop. (1763). — Ph tineodes, Hufn (1776). — Ph. rivulata, Fab. (1777). — Noctua atratula, Sch. (1776). — N. tineodes, View. — Erastria atratula, Treits. — E. deceptoria, Led.

Cette érastrie habite l'Europe centrale, le Piémont, l'Oural, l'Altaï et la région de l'Amour, mais elle n'a pas été observée aux îles Britanniques et en Hollande. Elle est rare en Belgique, où elle a été prise dans le Brabant et dans le Luxembourg belge.

On trouve la chenille en été sur sur des graminées ; elle se métamorphose à terre dans un léger cocon. La chrysalide hiverne et l'insecte parfait vole en mai et en juin ; on le rencontre en plein jour dans les clairières des bois et sur les monticules secs et herbeux.

1.Erastrie albule, 2.Prothymie bronzée

ERASTRIE ALBULE

ERASTRIA FASCIANA, Lin.

Lin. S. N. xii, p. 875. — Hufn. Berl. M. III, p. 408.—Schiff. S. V. p. 89.—Esp. pl. 146, f. 7. Hb. f. 297. — Treits. V, 3, p. 257. — Dup. VII, pl. 123, f. 1. — Gn. II, p. 229. — Ann. Soc. ent. de Fr. 1864, p. 27, 688, pl. I, f. 3. — Ann. Soc. ent. B. I, p. 109 — Spey. G. V. II, p. 202 — Staud. Cat. p. 134, n° 1901.

Phalæna fasciana, L. — Noctua pygarga, Hufn.—N. fuscula, Sch.—N. polygramma, Esp. — Erastria fuscula, Treits. — E. pygarga, Led. — E. fasciana, Stg.

Cette noctuelle est répandue entre le 38° et le 57°, depuis l'Angleterre jusqu'aux monts Altaï, mais elle n'existe pas en Suède. Elle est très commune en Belgique dans les clairières et sur les lisières des bois.

La chenille se tient sur les ronces et on la trouve en août et septembre; les métamorphoses ont lieu à terre entre des feuilles. La chrysalide hiverne et la noctuelle vole en plein jour pendant les mois de mai et de juin.

PROTHYMIE BRONZÉE

PROTHYMIA LACCATA, Scop.

Scop. Ent. Carn p. 226. — Schiff. Syst. Verz., p. 85. — Esp. pl. 153, f. 2. — Hubn. f. 350. — Treits. V, 3, p. 274. — Dup. VII. pl. 123, f. 5. — Gn. III, p. 298. — Led. Noct. pp. 44, 190.— Ann. Soc. ent. B. I, p. 109. — Staud. Cat. p. 134, n° 1904.

Phalæna laccata, Scop. — Noctua ænea, Sch. — Anthophila ænea, Treits. — Prothymia laccata, Led. — P. viridaria, Stg. (ex Clerck).

L'habitat de cette noctuelle comprend toute l'Europe, sauf la région boréale; on l'observe aussi en Asie Mineure, dans l'Altaï et dans la Sibérie orientale. En Belgique elle est assez commune en mai, juin et août sur les coteaux arides à Auderghem, Louvain, Namur, Kinkempois, Hockay, etc.

Elle vole durant le jour.

La chenille paraît être encore inconnue.

1. Agrophile sulfuré, 2. Euclidie M noire.

AGROPHILE SULFURÉ

AGROPHILA TRABEALIS, Scop.

Scop. Ent. Carn p. 40. — Lin. S. N. XII, p. 881. — Schiff. S. V. p. 93 — Esp. pl. 164, f. 6. — Hubn. f. 291. — Treits V. 3, p. 251 — Gn. II, p 206. — Dup. VII, pl. 123, f. 3. — Frey. N. Beitr. pl. 552. — Ann. Soc. ent. B. I, p. 109; V, p. 14 et 21; XIII, p. xxxvii. — Spey. Geogr. Verb. II, p. 200. — Staud. Cat. p. 134, n° 1910.

Pyralis trabealis, Scop. (1763). — P. sulphuralis, Lin. (1786). — Noctua sulphurea, Sch.—Erastria sulphurea, Treits.—Agrophila sulphurea, Boisd. –A. trabealis, Stg.

Cet insecte habite l'Europe centrale et méridionale y compris l'Angleterre, mais il ne dépasse pas le 57°; on le rencontre également en Asie Mineure, en Syrie, en Arménie et dans les monts Altaï. Il est rare en Belgique, où il a été capturé près de Namur, de Louvain, de Rochefort et à Dieghem.

La chenille vit en deux générations sur le liseron *(Convolvulus arvensis)*. La noctuelle vole en mai, juin et août.

EUCLIDIE M NOIRE

EUCLIDIA MI, Cl.

Clerck, Icon. ins. 9, 5. — Lin. F. S. p. 309. — Esp. pl. 89, f. 3,4. — Hb. f. 346. — Treits. V, 3, p. 395. — God. V, pl. 52, f 3-5. — Cyr. Ent. Neap. I, pl. 1, f. 9. — Ann. Soc. ent. B. I, p. 108. — Spey. Geogr. verb. II, p. 237. — Staud. Cat. p. 135, n° 1917.

Phalæna mi. Cl. — Noctua mi, Sch. — Euclidia mi, Treits. — *Var.*: Litterata, Cyr.

Cette noctuelle habite toute l'Europe jusqu'au 64°, ainsi que l'Asie tempérée jusqu'aux monts Altaï et les provinces de l'Amour. Elle est assez commune en Belgique. La var. *Litterata* est propre à l'Italie méridionale.

On trouve la chenille en juin et en septembre sur les trèfles et la luzerne ; elle se métamorphose à terre dans une coque ovoïde. L'insecte parfait vole en plein jour durant les mois de mai, juin et août.

1. Euclidie doublure jaune. 2. Pseudophie Lunaire.

EUCLIDIE DOUBLURE JAUNE

EUCLIDIA GLYPHICA, Lin.

Lin. S. N. x, p. 510; F. S. p. 309. — Esp. pl. 89, f. 1, 2. — Hubn. f. 347. — Treits. V, 3, p. 390. — God. V, pl. 52, f. 2. — Gn. III, p. 293. — Ann. Soc. ent. B. I, p. 108. — Spey. G. V. II, p. 237. — Staud. Cat. p. 135, n° 1918.
Phalæna glyphica, Lin. — Noctua glyphica, Esp. — Euclidia glyphica, Treits. — *Var.*: Dentata. Led. = Cuspidea, Ev.

Cette espèce habite toute l'Europe et l'Asie entre le 61° et le 37°; elle est très commune en Belgique. La var. *Dentata* se rencontre dans la Sibérie orientale.

On trouve la chenille en juin et en septembre sur la luzerne, les trèfles le bouillon blanc, etc. Elle se métamorphose à terre dans une coque ovale. L'insecte parfait vole en mai et en août dans les prés.

PSEUDOPHIE LUNAIRE

PSEUDOPHIA LUNARIS, Schiff.

Schiff. S. V. p. 94. — Fab. Ent. syst. III, 2, 167. — Hubn. f. 322. — Esp. pl. 87, f. 4, 6, et pl. 88, f. 1. — God. V, pl. 53, f. 1. — Sepp, IV, pl. 35, 36. — Ann. Soc. ent. B. I, p. 107. — Spey. Geogr. verb. II, p. 235. — Staud. Cat. p. 137, n° 1945.
Noctua lunaris, Sch. — N. meretrix, F. — N. augur, Esp. — Ophiusa lunaris, Treits. — Pseudophia lunaris, Led.

La pseudophie lunaire est répandue dans l'Europe centrale et méridionale ainsi que dans le nord de l'Afrique; on la rencontre entre le 36° et le 53 1/2°, mais elle n'a pas encore été observée en Angleterre. Elle est assez rare dans les bois de la Belgique.

La chenille vit sur les chênes et les peupliers durant les mois de juillet et d'août ; elle se métamorphose dans la mousse ou entre des feuilles. La chrysalide hiverne ; l'insecte parfait prend son essor en mai ou en juin et on le rencontre en plein jour pendant ces mois.

Alchimiste leucomèle.

ALCHIMISTE LEUCOMÈLE

CATEPHIA ALCHYMISTA, Schiff.

SCHWARZE-EULE

Schiff. W. V. p. 89. — Hufn. Berl. Mag. III, p. 288. — Esp. Schm. IV, pl. 107, f. 2. — Hubn. Noct. pl. 62, f. 303. — Treits. Schm. Eur. V, 3, p. 323. — God. V, pl. 53, f. 1. — Frey. N. Beitr. pl. 239. — Ann. Soc. ent. B. I, p. 106. — Spey. Geogr. Verb. II, p. 229. — Staud. Cat. p. 137, n° 1948.

Noctua alchymista, Schiff. — Phalæna leucomelas, Hufn. — Noctua leucomelas, Esp. — Catephia leucomelas et alchymista, Treits.

L'alchimiste leucomèle, comme on l'appelle vulgairement, est en général peu commun et très-rare en Belgique. Cette noctuelle a été observée en Allemagne, en Suisse, en France, en Andalousie, en Italie, en Corse, en Sardaigne, en Galicie, en Hongrie, en Grèce et dans le midi de la Russie.

On trouve la chenille sur le chêne en juin et en juillet. Dans la seconde moitié du dernier mois a lieu la chrysalidation, à l'intérieur d'un cocon blanc assez épais.

La chrysalide hiverne et l'insecte parfait prend son essor en mai ou en juin de l'année suivante; il vole en plein jour près des troncs d'arbres.

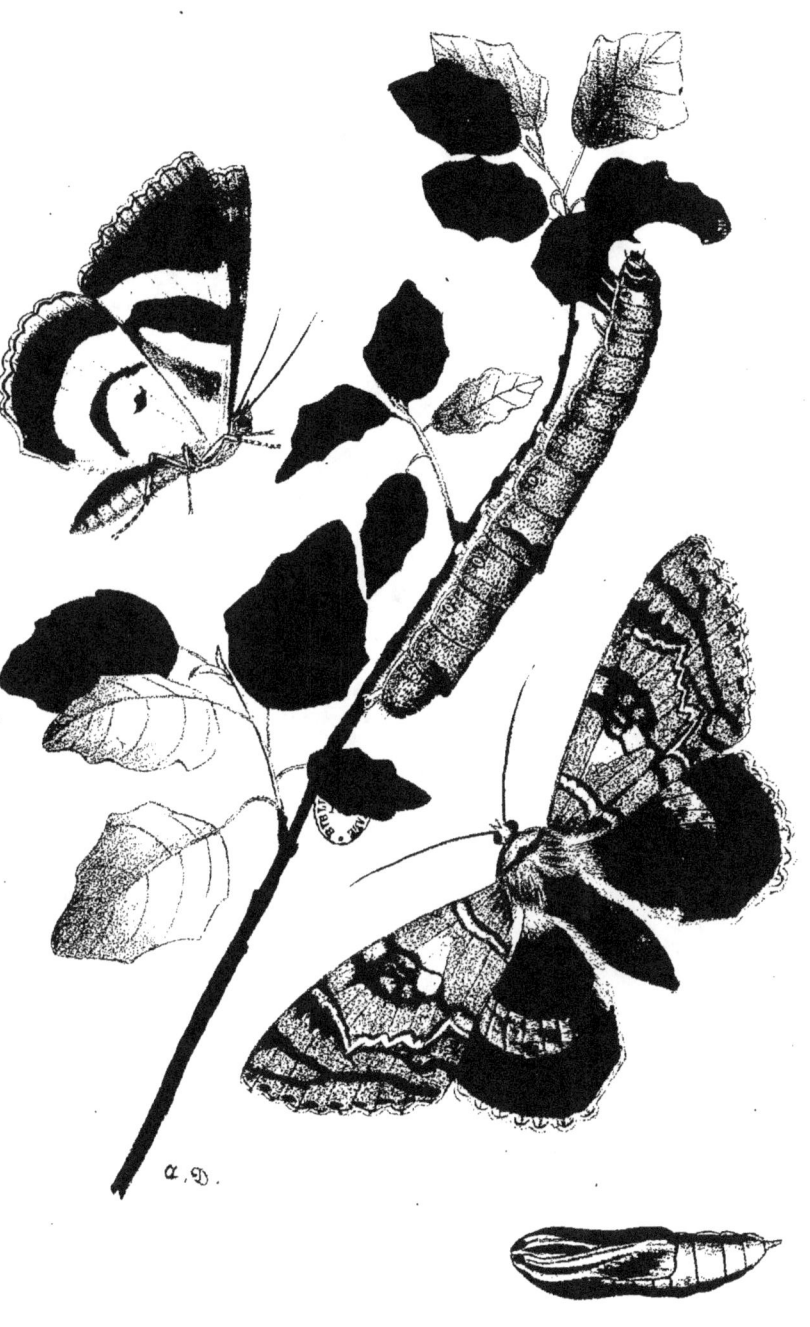

Likenée du frêne
sur le Peuplier blanc.

LIKENÉE DU FRÊNE.

CATOCALA FRAXINI, LIN.

THE CLIFDEN NONPAREIL. — ESCHEN EULE.

Lin. S. N. x, p. 512; F. S. p. 310. — Esp. Schm. IV, pl. 101. — Hubn. Noct. pl. 68, f. 327. — Treit. in Ochsenh. Schm. Eur. V, 3, p. 329. — God. Pap. de Fr. V, pl. 45, f. 1. — Frey. N. Beitr. VII, pl. 619. — Boisd. Ind. p. 167, n° 1327. — Ann. de la Soc. ent. B. I, p. 107. — Spey. Geogr. Verb. II, p. 230. — Staud. Cat. p. 137, n° 1949.

Phalæna fraxini, L. — Noctua fraxini, Esp. — Catocala fraxini, Treits.

Cette jolie noctuelle, connue vulgairement sous le nom de *Cordon bleu*, habite l'Europe centrale, la Suède méridionale, le sud de la Finlande et de la Russie, le Piémont et les provinces de l'Amour. Elle est rare en Belgique où elle a été observée dans les environs de Bruxelles, de Louvain, de Namur, de Liége, etc.; nous en avons pris un exemplaire, il y a quelques années, sur un peuplier près des étangs d'Ixelles.

La chenille vit sur les peupliers (*Populus alba* et *tremula*) et, suivant quelques auteurs, sur les saules, le frêne, le chêne et l'orme; on la trouve en juillet jusqu'à la mi-août. Les métamorphoses ont lieu dans un tissu entre des feuilles; la chrysalide est d'un brun-rouge mais couverte d'une poussière bleuâtre.

L'insecte parfait vole depuis la fin de juillet jusqu'en octobre. On l'observe généralement sur les troncs des peupliers et des saules, et contre des poteaux ou des clôtures en planches.

Likenée Mariée

LIKENÉE MARIÉE

CATOCALA NUPTA, Lin.

THE RED UNDERWING. — BACHWEIDEN EULE

Lin. S. N. XII, 841. — Esp. Schm. pl. 97, f. 1, 2. — Hubn., Noct., pl. 69, f. 329,330. — Treits. Schm. Eur., V, 3, p. 337. — God. Pap. de Fr. V, pl. 45, f. 2, 3. — Frey. N. Beitr. pl. 425 et 461. — Hufn. Berl. m. III, 210. — Borkh. Eur. Schm. IV, p. 21. — Ann. Soc. Ent. B. I, 107. — Spey, Geogr. verb. II, 231. — Staud. Cat., 137, n° 1954.

Phalæna N. nupta, Lin. — Noctua nupta, Hb. — N. concubina, Hb. — N. pacta, Hufn. — Catocala nupta, Treits.

Cette belle likenée est généralement commune dans les plaines et dans les montagnes, partout où il y a des saules et des peupliers. On la rencontre, entre le 39e et le 42e degré, depuis la Grande Bretagne jusqu'aux monts Altaï, ainsi que dans la partie N.-O. de l'Asie Mineure. Elle est très-commune en Belgique.

On trouve la chenille, sur les saules et les peupliers, depuis le mois de mai jusqu'à la fin de juillet; elle se tient souvent aplatie contre le tronc ou entre les crevasses des écorces, et s'agite vivement dès qu'on la touche.

Les métamorphoses ont lieu dans un léger tissu fixé entre quelques feuilles. L'insecte parfait vole au bout d'un mois; on le trouve parfois en même temps que la chenille.

Likenée rouge.

LIKENÉE ROUGE

CATOCALA SPONSA, Lin.

THE DARK CRIMSON UNDERWING. — ROTHEICHEN-EULE

Lin. Syst. Nat. XII, p. 841. — Esp. Schm. IV, pl. 95, f. 1-5. — Hubn. Noct. pl. 71, f. 333.
— Treits. Schm. Eur. V, 3, p. 343. — God. V, pl. 48, f 2. — Ann. Soc. ent. B. 1, p. 107.
— Spey. Geogr. verb. II, p. 232. — Staud. Cat. p. 137, n° 1957.
Phalæna sponsa, Lin. — Noctua sponsa, Esp. — Catocala sponsa, Treits. — Var.: Desiderata, de Selys.

Cette belle espèce se rencontre presque partout où croît le chêne. On la rencontre entre le 60° et le 40°, depuis l'Angleterre jusqu'à l'Oural, mais elle est rare dans certaines localités et très-rare en Belgique; elle n'a pas encore été observée dans le Holstein et dans certaines parties du Nord de la Prusse. Elle habite également la Sibérie occidentale. En Belgique on l'a prise dans la forêt de Soignes, près de Liége, de Dinant, etc.

La chenille vit en mai et en juin sur le chêne.

La noctuelle vole dans les bois depuis la fin de juillet jusqu'en septembre.

Likenée promise.

LIKENÉE PROMISE

CATOCALA PROMISSA, Esp.

THE LIGHT CRIMSON UNDERWING. — WOLLEICHEN EULE.

Esp. Schm. IV, pl 96, f. 1 5. – Hubn. Noct. pl 71, f. 334; pl. 144, f. 657-58; pl. 123, f. 569. — Treits. Schm. Eur. V, 5, p. 549. — Dup. Lep. de Fr. III, pl. 46, f. 1. — Frey. N.Beitr. pl. 633. — Step. Cat B. L. 138. — Ann. Soc. ent. B.1, 107. — Spey. Geogr. verb. II, 232. — Staud. Cat. 138, n° 1958. —

Noctua promissa, Esp. — N. sponsa, God. — N. mneste, Hb. — Catocala promissa Treits.. — C. conjuncta, Step. —

Cette belle espèce suit le chêne dans presque toute l'Europe : son aire de dispersion se trouve entre le 56° et le 40° degré, depuis les iles Britanniques jusqu'aux monts Ourals ; on la rencontre également dans la partie nord-ouest de l'Asie mineure.

La chenille vit en mai et en juin sur le chêne; elle est difficile à découvrir, parce qu'elle se tient habituellement sur les vieux arbres et contre les branches couvertes de lichens, avec lesquels sa couleur se confond. La chrysalidation se fait, soit entre des feuilles réunies par quelques fils, soit dans une coque formée de lichens et de terre. La chrysalide est d'un brun-rouge vif, mais couverte d'une substance pulvérulente bleuâtre. L'éclosion a lieu au bout de trois à quatre semaines.

L'insecte parfait vole depuis la fin de juin jusqu'en août. Il est assez rare en Belgique, où on le prend quelquefois dans les environs de Bruxelles, de Liége, de Namur, etc.

Likenée accordée

LIKENÉE ACCORDÉE

CATOCALA ELECTA, Borkh.

BAUMWEIDEN EULE

Borkh. Eur. Schm. IV, p. 26. — Esp. Schm. pl. 98, f. 1. — Hubn. Noct., pl. 70, f. 331. — Treits. Schm. Eur. V, 3, p. 355.—God. Pap. de Fr. pl. 46, f. 1.—Frey. N. Beitr. pl. 407. — Mill. Ann. S. Fr. 1855, pl. 11, f. 1. — Ann. Soc. ent. B. I, p. 107. — Spey. Geogr. verb. II, p. 233. — Staud. Cat. p. 138, n° 1963.

Noctua electa, Bkh. — N. pacta, Sch. — Catocala electa, Treits. — Ab.: Flava, Mill.

Ce beau lépidoptère habite l'Europe, entre le 45e et le 56e degré, depuis la France jusqu'à Moskou; on le rencontre également au Caucase, dans les provinces de l'Amour et, d'après M. Speyer, probablement aussi dans l'Amérique du Nord. Il est très-rare en Belgique, où il a été pris dans les environs de Bruxelles, de Louvain, de Beverloo, etc.

La chenille vit en mai, en juin et parfois encore en juillet, sur les saules, les peupliers et le frêne. La chrysalidation se fait ordinairement entre des feuilles roulées et à l'intérieur d'un léger tissus.

L'insecte parfait se montre au bout de trois semaines et vole en août et septembre. On le trouve généralement contre les troncs des saules et des peupliers, les clôtures en planches et les poteaux, où il se tient toujours la tête dirigée en bas.

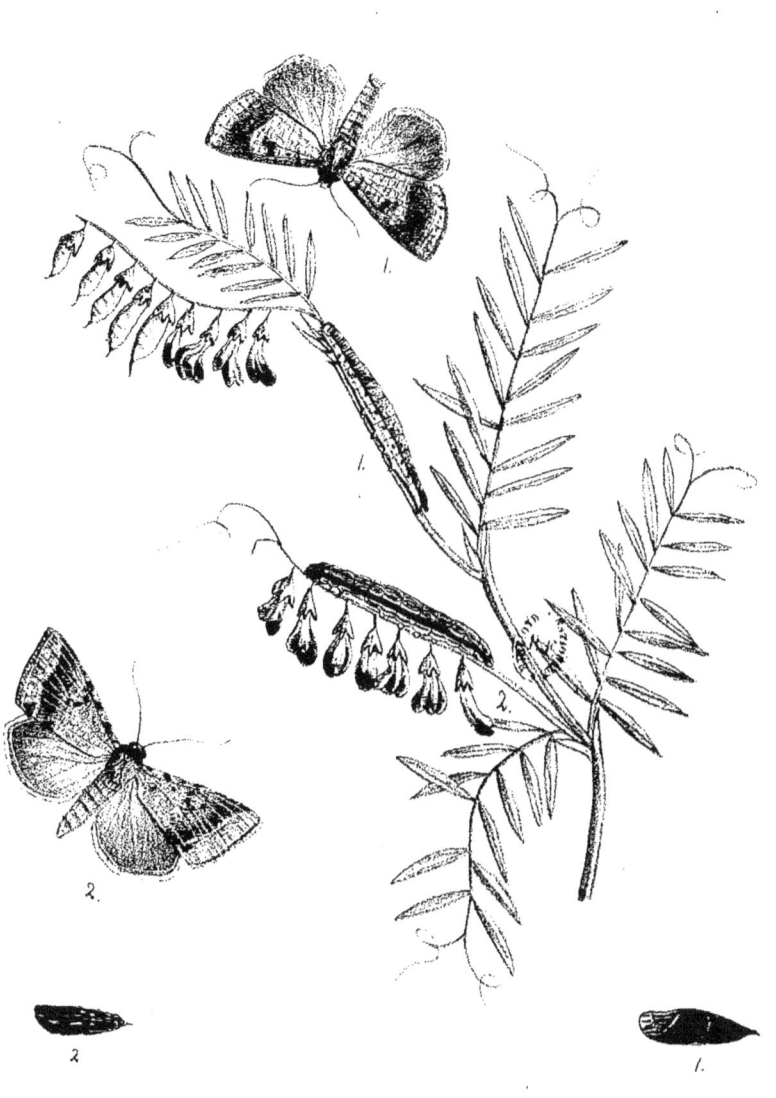

1. Toxocampe houé, 2. T. de la Vesce
sur la Vesce Craque.

TOXOCAMPE HOUÉ

TOXOCAMPA PASTINUM, Treits.

Treits. V, 3, p. 297. — H. S. p. 269. — Frey. BEITR. pl. 95. — Haw. LEP. BR. p. 259. — Gn. II, pp 426-27. — God. V, pl. 56, f. 1. — Sepp, VIII, pl. 30. — ANN. SOC. ENT. B. I, p. 107. — Spey. G. V. II, p. 227. — Staud. CAT. p. 139, n° 1994.
OPHIUSA PASTINUM, Treits. — O. LUSORIA, Step. — NOCTUA LUSINA et PHYTOMETRA LUSORIA, Haw. — TOXOCAMPA PASTINUM, GD.

Cette noctuelle habite l'Europe centrale, le sud de la Suède, la Livonie et les provinces de l'Amour. En Belgique on la trouve assez fréquemment à Auderghem ainsi qu'à Comblain-la-Tour.

La chenille vit dans les bois, depuis juin jusqu'en automne, sur les vesces *(Vicia cracca* et *sylvatica)* et sur l'astragale *(Astragalus glycyphyllus)* ; elle hiverne et se chrysalide en mai dans un léger tissu. L'insecte parfait vole en juillet.

TOXOCAMPE DE LA VESCE

TOXOCAMPA CRACCÆ, Sch.

Schiff. S. V. p. 91. — Fab. MANT. p. 154. — Hb. f. 320, 669, 670. — Treits. V, 3, p. 295. — Vill. L. ENT. II, pl. V, f. 12. — Frey. N. BEITR. pl. 107. — God. V, pl. 55, f. 5. — Gn. II, p. 425. — ANN. SOC. ENT. B. I, p. 108. — Spey. GEOGR. VERB. II, p. 228. — Staud. CAT. p. 140, n° 1997.
NOCTUA CRACCÆ, Sch. — N. OPHIUSA, Treits. — TOXOCAMPA CRACCÆ, Gn.

Ce toxocampe habite l'Europe centrale et méridionale, ainsi que la Sibérie, depuis l'Espagne jusqu'aux monts Altaï; il est répandu entre le 37° et 57°, mais il est rare en Belgique où il a été trouvé près de Bruxelles et de Neufchâteau.

On trouve la chenille en mai et en juin sur les mêmes plantes que la précédente.

La noctuelle vole en juillet et en août.

1. Ennomos sinué, 2. Bolétobie inégale.

ENNOMOS SINUÉ

AVENTIA FLEXULA, Sch.

Schiff. S. V. p. 64. — Esp. III, pl. 84, f. 4. — Hubn. Geom. f. 19. — Treits. VI, 1, p. 4. — Frey. N. Beitr. pl. 35, f. 1. — Dup. VII, pl. 149, f. 1. — Led. Noct. p. 208. — Spey. Geogr. verb. II, p. 238. — Ann. Soc. ent. B. III, p. 98. — Staud. Cat. p. 140, n° 2001. Bombyx flexula, Sch. — B. sinuata, F. — Geometra flexularia, Hb. — Ennomos flexularia, Treits. — Aventia flexularia, Dup. — A. flexula, Led.

Cette espèce habite l'Europe centrale, le sud de la Suède, la Livonie et le Piémont ; elle est assez répandue en Belgique.

La chenille hiverne ; on la trouve en automne et au printemps parmi les lichens qui croissent sur les hêtres et les conifères. Elle se métamorphose en juin à l'intérieur d'un cocon jaunâtre fixé aux lichens ou entre les aiguilles des conifères.

L'insecte parfait vole depuis la fin de juin jusqu'en août.

BOLÉTOBIE INÉGALE

BOLETOBIA FULIGINARIA, Lin.

Lin. F. S. p. 327. — Schiff. S. V. p. 108.—Esp. V, pl. 32, f. 3-6. — Hubn. Geom. f. 548-49. Treits. VI, 1, p. 184. — Dup. VIII, pl. 186, f. 4. — Spey. Geogr. Verb. II, p. 238. — Ann. Soc. ent. B. III, p. 106. — Staud. Cat. p. 140, n° 2002. Geometra fuliginaria, L. — G. carbonaria, Sch. (nec Lin.) — Gnophos carbonaria, Treits. — Boletobia carbonaria, Boisd. — B. fuliginaria, Spr.

Cette noctuelle est répandue en Europe entre le 43° et le 62° depuis l'Angleterre jusqu'à l'Oural ; elle a aussi été observée en Asie Mineure et dans la Sibérie orientale. Elle est très rare en Belgique où elle a été prise à Bruxelles par M. De Cleene et à Liège par M. Donckier.

La chenille vit en mai et en juin dans les bolets *(Parmelia, Polyporus,* etc.) ainsi que dans le bois pourri. L'insecte parfait vole en juillet.

1. Zanclognathe pattu; 2. Z. des forêts.

ZANCLOGNATHE PATTU
ZANCLOGNATHA TARSIPLUMALIS, Hubn.

Hubn. Pyr. f. 125. — Treits. VII, p. 19. — Frey. N. Beitr. pl. 30, f. 4 — Dup. VIII, pl. 211, f. 6. — Gn. Delt. p. 60. — Ann. Soc. ent. B. II, p. 50. — Led. Noct. pp. 45, 212. — Spey. Geogr. verb. II, p. 241. — Staud. Cat. p. 140, n° 2006.
Pyralis tarsiplumalis, Hb. — Herminia tarsiplumalis, Treits. — Zanclognatha tarsiplumalis, Led.

Cette espèce est répandue dans l'Europe centrale et la Sibérie, entre le 44° et le 57°, depuis la Hollande et la Belgique jusqu'aux monts Altaï et l'Asie Mineure. On l'observe assez fréquemment dans plusieurs localités du pays.

La chenille est inconnue. L'insecte parfait vole en juin et juillet dans les endroits secs des bois ; il faut battre les buissons pour l'en faire sortir.

ZANCLOGNATHE DES FORÊTS
ZANCLOGNATHA GRISEALIS, Sch.

Schiff. S. V. p. 120. — Fab. Syst. Ent. p. 642 — Hb. Pyr. f. 4. — Treits. VII, p. 9. — Frey. Beitr. pl. 126. — Dup. VIII, pl. 211, f. 4. — Gn. Delt. p. 59. — Ann. Soc. ent. B. II, p. 49. — Led. Noct. pp. 46, 212. — Spey. Geogr. verb. II, p. 240. — Staud. Cat. p. 140, n° 2008.
Pyralis grisealis, Sch. — Phalæna nemoralis, Fab. — Herminia grisealis, Treits. — H. nemoralis, Sp. — Zanclognatha nemoralis, Led. — Z. grisealis, Stg.

Ce lépidoptère est répandu entre le 45° et le 60°, depuis l'Angleterre jusqu'à l'Oural; en Belgique il est peu rare dans les environs de Bruxelles, de Louvain, de Liége, etc,

On trouve la chenille en automne sur la dorine *(Chrysosplenium alternifolium)*; elle hiverne. Vers la fin de mai cette chenille se retire sous la mousse ou sous des pierres pour se transformer en chrysalide sous un léger tissu.

L'insecte vole en juin.

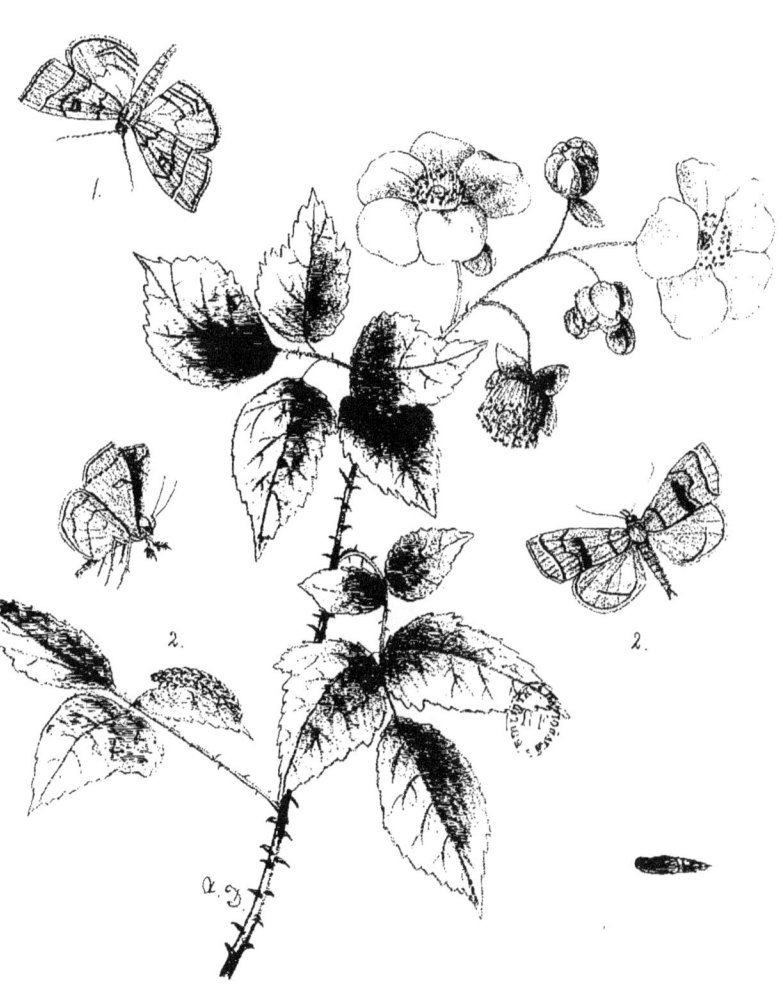

1. Zanclognathe de Zeller. 2. Z. tarsier

ZANCLOGNATHE DE ZELLER

ZANCLOGNATHA ZELLERALIS, Wk.

Wocke, Bresl. zeitschr. 1850, pl. 4, f. 14. — Frey. N. Beitr. VI, p. 141, pl. 570, f. 4. — Ann. Soc. ent. B. XI, p. vi. — Spey. Geogr. Verb. II, p. 242. — Staud. Cat. p. 140, n° 2009.
Herminia zelleralis, Wk. — Pyralis zelleralis, Fr. — Zanclognatha zelleralis, Stg.

Cette espèce a été décrite pour la première fois par Wocke qui la dédia à Zeller. Les premiers individus ont été capturés en Silésie sur le Probstheimer Spitzberg, et quelques années plus tard Kaltenbach en prit à Aix-la-Chapelle. En 1866, le Dr Breyer découvrit ce lépidoptère près de Bruxelles. L'habitat de cette espèce est donc loin d'être connu, et l'on ne sait rien non plus sur la chenille.

ZANCLOGNATHE TARSIER

ZANCLOGNATHA TARSICRINALIS, Kn.

Kn. Beitr. II, p. 75, pl. IV, f. 1-12. — Treits. VII, p. 13. — Frey. N. Beitr. pl. 12, f. 1. — Gn. Delt. p. 57. — Spey. Geogr. verb. II, p. 241. — Ann. Soc. Ent. B. V, p. 24. — Staud. Cat. p. 141, n° 2012.
Pyralis tarsicrinalis, Kn. — Herminia tarsicrinalis, Treits. — Zanclognatha tarsicrinalis, Stg.

Cette espèce est dispersée dans l'Europe centrale et en Sibérie entre le 46° et le 57°, depuis la Belgique jusqu'à l'Altaï ; dans notre pays elle a été prise à Han par M. Fologne.

On trouve la chenille en septembre et en octobre sur les ronces ; elle hiverne et se métamorphose dès la fin de mars à l'intérieur d'un léger tissu caché entre des feuilles. L'insecte parfait éclôt au bout d'une vingtaine de jours.

Chenille et chrysalide d'après Freyer.

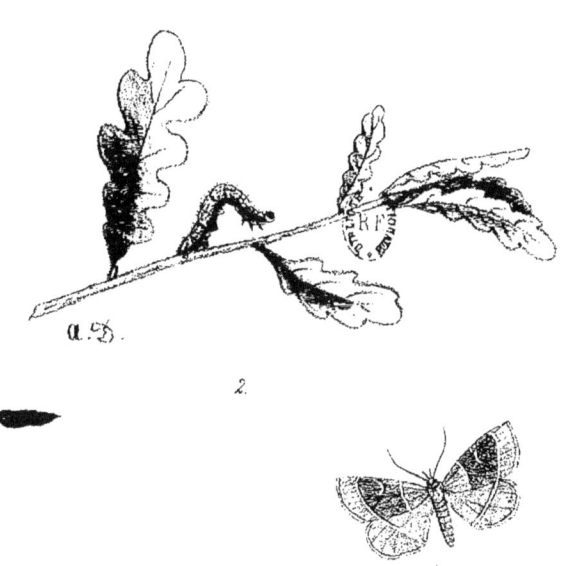

1. Zanclognathe tarsipenne, 2 Z. émortuale.

ZANCLOGNATHE TARSIPENNE
ZANCLOGNATHA TARSIPENNALIS, Treit.

Treits. X, 3, p. 5. — Hb. Pyr. 5. — HS. 604, 610; II, p. 384. — Gn. Delt. p. 58. — Wock, I, c, f. 15. — Led. Noct. pp. 46,212. — Ann. Soc. Ent. B. II, p. 50. — Spey. Geogr. Verb. II, p. 241. — Staud. Cat. p. 141, n° 2010.
Herminia tarsipennalis, Treits. — H. denticornalis, Wk. — Zanclognatha tarsicrinalis, Led.

Cette espèce a été observée dans le sud de la Suède, en Allemagne, en Angleterre, en Belgique, en Dalmatie, en Livonie, en Sibérie et dans les provinces de l'Amour; elle est généralement rare et localisée. En Belgique une femelle a été prise sur les remparts de la ville de Louvain, le 6 juillet 1855; M. Fologne a pris également une femelle à Lacken, le 10 juillet 1869, que nous figurons sur la planche ci-contre.

La chenille vit sur des graminées depuis l'automne jusqu'en mai; l'insecte parfait vole en juin et en juillet.

ZANCLOGNATHE ÉMORTUALE
ZANCLOGNATHA EMORTUALIS, Sch.

Schiff. S. V. p. 120. — Hb. Pyr. f. 1. — Treits. VII, p. 5. — Bokh. V, p. 17. — Frey. N. Beitr. pl. 30, f. 1. — Dup. VIII, pl. 211, f. 1. — Gn. Delt. 50. — Led. Noct. pp. 46,212. — Ann. Soc. ent. B. II, p. 49. — Spey. Geogr. verb. II, p. 239. — Staud. Cat. p. 141, n° 2015.
Pyralis emortualis, Sch. — Geometra olivaria, Bkh. — Herminia emortualis, Treits. — Zanclognatha emortualis, Led. — Sophronia emortualis, Gn.

Habite l'Europe centrale, entre le 57° et le 45°, depuis la Belgique jusqu'à l'Oural et les provinces de l'Amour. Cette espèce est peu commune en Belgique.

La chenille vit en septembre et au commencement d'octobre sur le chêne et se métamorphose dans un léger cocon caché entre des feuilles; la chrysalide hiverne.

L'insecte parfait vole en mai dans les bosquets et dans les jardins ombragés.

1 Madopa du saule. 2 Pechipogon raquette.

MADOPA DU SAULE

MADOPA SALICALIS, Sch.

Schiff. S. V. p. 122, 285, pl. 1a et 1b, f. 5. — Esp. V, pl. 46, f. 4, p. 262. — Hb. Pyr. f. 3.—
Fab. E S. p. 185. — Treits. VII, p. 34. — Dup. VIII, pl. 213, f. 4 et 171, f. 5. — Frey. N.
Beitr. pl. 72, f. 3. — Gn. Delt. p. 22. — Ann. Soc. ent. B. II, p. 51; XI, p. lxi. —
Spey. Geogr. verb. II, p. 244. — Staud. Cat. p. 141, n° 2016.
Pyralis salicalis, Sch. — P. nitidaria et nitescentula, Esp. — Phalæna obliquata,
Fab. — Hypena salicalis, Treits. — Mapoda salicalis, Step.

Cette petite noctuelle est répandue dans l'Europe centrale entre le 57° et le 43°; elle est très rare en Belgique où elle a été observée à Colonster près de Liége et à Vielsalm.

On trouve la chenille en juillet et août sur les saules; elle se métamorphose dans un léger cocon de forme allongée et composé en partie de parcelles ligneuses; la chrysalide hiverne. La noctuelle vole en mai et juin.

PECHIPOGON RAQUETTE

PECHIPOGON BARBALIS, Cl.

Cl. Ic. pl. 5, f. 3. — Lin. F. S. p. 350. — Hb. Pyr. f. 122.—Treits. VII, p. 15. — Dup. VIII,
pl. 211, f. 5. — Frey. N. Beitr. pl. 12, f. 2. — Gn. Delt. 56. — Ann. Soc. ent. B. II,
p. 49. — Spey. Geogr. verb. II, p. 242. — Staud. Cat. 141, n° 2026.
Phalæna barbalis, Cl.— Pyralis barbalis, L.— P. pectitalis, Hb. — Herminia barbalis, Treits. — Pechipogon barbalis, Step.

Cette espèce est assez répandue en Europe, entre le 60° et le 43°, depuis l'Angleterre jusqu'aux monts Ourals; elle n'est pas rare en Belgique.

La chenille vit sur le bouleau et sur le chêne pendant les mois de septembre et d'octobre; elle hiverne pour se chrysalider au printemps de l'année suivante. La noctuelle vole dans les bois en mai et en juin.

1 Herminie crinale. 2. H. anomale.

HERMINIE CRINALE
HERMINIA CRINALIS, Treit.

Treits. VII, p. 17. — Schiff. Syst. Verz., p. 120. — Hubn. f. 18. — Dup. VIII, pl. 211, f. 7. — Gn. Delt. 61. — Mill. Icon. II, pl. 86, f. 1-3. — Ann. Soc. ent. B. II, p. 50. — Spey. Geogr. Verb. II, p. 242. — Staud. Cat. p. 141, n° 2022.
Pyralis barbalis, Sch. — Herminia crinalis, Treits.

Habite l'Europe méridionale, le sud de l'Allemagne, la Belgique, l'Asie mineure, la Syrie et les provinces de l'Amour; elle est cependant rare dans notre pays où elle n'a été prise que dans les environs de Bruxelles et de Louvain.

La chenille vit en automne sur la *Rubia peregrina*, les ronces, le chèvrefeuille, les trèfles, etc.; d'après M. Millière, elle hiverne, grossit lentement et se transforme en mars dans la terre ou sous la mousse, après avoir formé une coque mince mais solide.

L'insecte parfait vole en juillet.

Chenille et chrysalide d'après l'Iconographie de M. Millière.

HERMINIE ANOMALE
HERMINIA DERIVALIS, Hb.

Hb. Pyr. f. 19. — Treits. VII p. 7. — Dup. VIII, pl. 211, f. 2. — Frey. N. Beitr. pl. 30, f. 2-3. — Gn. Delt. 55. — Ann. Soc. ent. B. II, p. 49. — Spey. Geogr. verb. II, p. 243. — Staud. Cat. p. 141, n° 2025.
Pyralis derivalis, Hb. — Herminia derivalis, Treits.

Plus ou moins répandue, entre le 60° et le 56°, depuis l'Angleterre jusqu'à l'Oural et l'Asie Mineure, mais pas en Suéde; cette espèce à également été observée en Arménie et dans les provinces de l'Amour; elle est assez répandue en Belgique.

Chenille inconnue. L'insecte parfait vole en juillet et en août dans les endroits secs des bois.

1. Bomoloche épaissie, 2. Rivule soyeuse.

BOMOLOCHE ÉPAISSIE
BOMOLOCHA FONTIS, Thunb.

Thnb. Mus. nat. p. 72, f. 5 — Hb. Btr. II, 1, 2. J; Pyr. f. 12, 163 et 172.—Fab. Ent. syst. III, pl. 222. — Treits. VII, p. 24. — Frey. N. Beitr. pl. 42, f. 2 et pl. 563. — Ann. Soc. ent. B. II, p. 50. — Spey. G. V. II, p. 244 — Staud. Cat. p. 141, n° 2027.
Pyralis fontis, Thnb. — P. achatalis, Hb. — Phalæna crassalis, Fab. — Hypena crassalis, Treits. — Bomolocha crassalis, Led. — B. fontis, Stg. — *Ab.* : Terricularis, Hb.

Ce petit lépidoptère est généralement répandu dans les bois de l'Europe, depuis l'Angleterre jusque dans la Russie occidentale, et depuis le 43° jusqu'au 60°; il est assez commun en Belgique.

La chenille vit en août et septembre sur l'airelle, la bruyère, la verge d'or *(Solidago virgaurea)*, l'ortie, etc. Elle se métamorphose à terre dans un cocon et hiverne sous forme de chrysalide.

La noctuelle vole depuis mai jusque dans le courant de juillet.

RIVULE SOYEUSE
RIVULA SERICEALIS, Scop.

Scop. Ent. carn. p. 242. — Hb. Pyr. f. 56. — Treits. VII, p. 125. — Dup. VIII, pl. 219, f. 4, 5. — Ann. Soc. ent. B. II, p. 56. — Spey. Geogr. verb. II, p. 247. — Staud. Cat. p. 142, n° 2045.
Phalæna sericealis, Scop. — Pyralis sericealis, Hb. — Botys sericealis, Treits. — Rivula sericealis, Gn. — R. limbata, Spey.

Cette noctuelle habite toute l'Europe, sauf la région boréale, et on la rencontre également en Syrie et dans les provinces de l'Amour; elle est très-commune en Belgique.

On trouve la chenille en mai et en juin sur des graminées ; elle se métamorphose à terre dans la mousse. L'insecte parfait vole à la fin de juillet et en août. On le trouve en abondance, vers le soir, dans les prairies et les endroits humides et gazonneux.

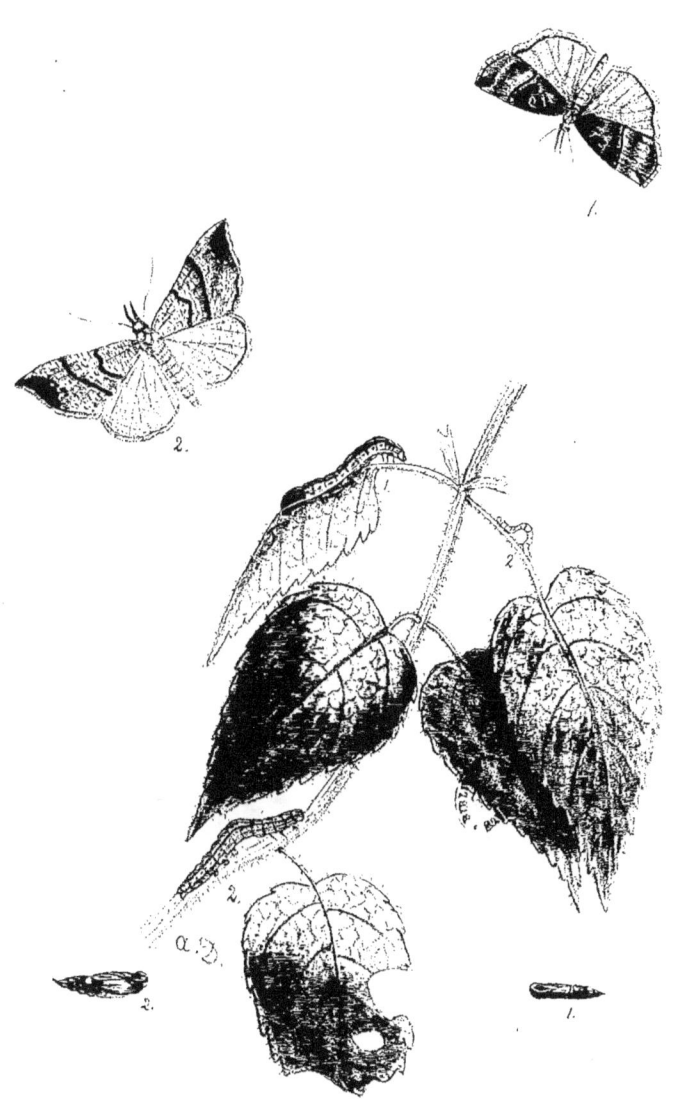

1. Hypène à rostre, 2. H. à museau.

HYPÈNE A ROSTRE
HYPENA ROSTRALIS, Lin.

Lin. S. N. x, p. 533; F. S. p. 350. — Hb. Pyr. pl. II, f. 10 et pl. 20, f. 134. — Treits. VII, pp. 29-31. — Dup. VIII. pl. 212, f. 5, 6. — Frey. N. Beitr. pl. 72, f. 1. — Gn. Delt. 31. — Spey. G. V. II, p. 245. — Ann. Soc. ent. B. II, p. 50. — Staud. Cat. p. 142, n° 2032.
Pyralis rostralis, L. — Hypena rostralis, Treits. — Ab. : Radiatalis, Hb.

Cette espèce est commune dans les jardins, sur les haies et les buissons d'une grande partie de l'Europe ; on la rencontre, à partir du 60°, depuis l'Angleterre jusqu'aux monts Altaï ; elle se montre au sud jusqu'en Espagne, en Corse et en Asie Mineure. Elle est commune en Belgique.

On trouve la chenille en mai et juin et une seconde fois en août et septembre sur les orties, le houblon, etc. Les métamorphoses se font dans un léger cocon et l'insecte parfait vole depuis le mois de mars jusqu'en mai, et une seconde fois en juillet et août.

HYPÈNE A MUSEAU
HYPENA PROBOSCIDALIS, Lin.

Lin. S. N. x, p. 533. — Hb. Pyr. pl. 2, f. 7. — Treits. VII p. 22. — Dup. VIII, pl. 212, f. 2. — Gn. Delt, 30. — Spey. Geogr. verb. II, p. 245. — Ann. Soc. ent. B. II, p. 50, — Staud. Cat. p. 142, n° 2033.
Pyralis proboscidalis, Lin. — Hypena proboscidalis, Treits.

Cette noctuelle est très commune partout en Europe et en Sibérie entre le 62° et le 38°.

La chenille vit aux mêmes époques que la précédente sur l'ortie, le plantain et l'égopode. Elle se métamorphose entre des feuilles et l'insecte parfait vole depuis le mois de mai jusqu'en août, dans les broussailles et les lieux couverts d'orties.

Hypénode acuminé, 2. H. strié.

HYPÉNODE ACUMINÉ

HYPENODES COSTÆSTRIGALIS, Steph.

Steph. H. IV, p. 21; Cat. Br. Lep. p. 209. — Wood, Ill. E. pl. 27, f. 772. — Wk. Bresl. Zeit. 1850, pl. 5, f. 16. — Spey. Geogr. verb. II, pp. 246, 265. — Ann. Soc. ent. B. II, p. 52. — Staud. Cat. p. 142, n° 2041.
Cledeobia costæstrigalis, Steph. — C. acuminalis, Wk. — Grambus costæstrigalis, Haw. — Hypenodes tœnialis, Spr. — H. costæstrigalis, Gn.

Ce petit lépidoptère a été observé en Allemagne, en Galicie, en Hongrie, en Hollande, en Belgique, en France et en Angleterre. Il est très rare dans notre pays où il a été capturé dans les environs de Bruxelles et à Kinkempois.

Chenille inconnue.

L'insecte parfait vole en juillet et août.

HYPÉNODE STRIÉ

HYPENODES ALBISTRIGATUS, Haw.

Haw. Lep. Br. p. 368. — Steph. H. IV, p. 20 ; Cat. Br. Lep. p. 209. — Wood, I. E. pl. 27, f. 771. — Ann. Soc. ent. B. XIV, p. lxii. — Staud. Cat. p. 142, n° 2042.
Crambus albistrigatus, Haw. — Cledeobia albistrigatus, Step. — Hypenodes albistrigatus, Stg.

Cette petite espèce est encore peu connue et n'avait été observée jusque dans ces derniers temps qu'en Angleterre et en France. Le Dr Breyer l'a pris en Campine en 1871 ; c'est le seul exemplaire connu comme ayant été pris en Belgique.

Chenille inconnue.

La figure de la planche ci-contre est faite d'après l'individu pris en Belgique, de la collection du Musée royal d'histoire naturelle de Bruxelles.

1. Bréphos intrus, 2. B. bâtard.

BRÉPHOS INTRUS
BREPHOS PARTHENIAS, Lin.

Lin. F. S. p. 308; S. N. XII, p. 835. — Knoch, Beitr. II. pl. 3, f. 8. — Esp. pl. 85, f. 5-8. — Hb. f. 341-42. — Treits. V, 3, p. 379. — God. V, pl. 51, f. 2. — Frey. N. Beitr. pl. 497. — Gn. II, p. 264. — Spey. Geogr. Verb. II, p 253. — Ann. Soc. Ent. B. I, p. 108. — Staud. Cat. p. 143, n° 2046.

Phalæna parthenias, L. — Noctua parthenias, Esp. — Brephos parthenias, Treits.

Ce lépidoptère habite l'Europe centrale et septentrionale entre le 70° et le 45°, ainsi que la Sibérie et le Labrador ; on le rencontre généralement partout où il y a des bouleaux, mais il est rare en Belgique.

On trouve la chenille en juin sur le bouleau et surtout sur les jeunes taillis ; elle se tient cachée entre des feuilles. La chrysalide hiverne et l'insecte prend son essor en avril et mai.

BRÉPHOS BATARD
BREPHOS NOTHUM, Hb.

Hb. f. 343-44. — Esp. pl. 85, f. 4. — Treits. V, 3, p. 383. — Frey. N. B. pl. 551. — Gn. II, p. 265. — Spey. Geogr. Verb. II, p. 253. — Ann. Soc. ent. B. I, p. 108; II, p. 247. — Staud. Cat. p. 143, n° 2048.

Noctua notha, Hb. — N. parthenias, Esp. — Brephos notha, Treits. — B. nothum, Stg.

Cette espèce habite l'Europe centrale, entre le 58° et le 45°, depuis l'Angleterre jusqu'au Volga, mais elle ne paraît pas encore avoir été observée en Hollande. Elle est peu commune en Belgique.

La chenille vit en juin sur les bouleaux, les saules et les peupliers. Au moment de sa métamorphose, chaque chenille fait un trou dans la branche qu'elle occupe et l'agrandit jusqu'au côté opposé ; elle ferme alors l'entrée et recouvre la partie supérieure, par où l'éclosion doit se faire, par une substance gommeuse qui dissimule parfaitement la cavité. Ces chenilles ne semblent pas avoir de préférence pour faire leurs métamorphoses plutôt dans une espèce de bois que dans une autre ; elles perforent même la caisse dans laquelle on les enferme.

L'insecte parfait vole en avril et mai et parfois à une grande hauteur.

Suppl Pl. I

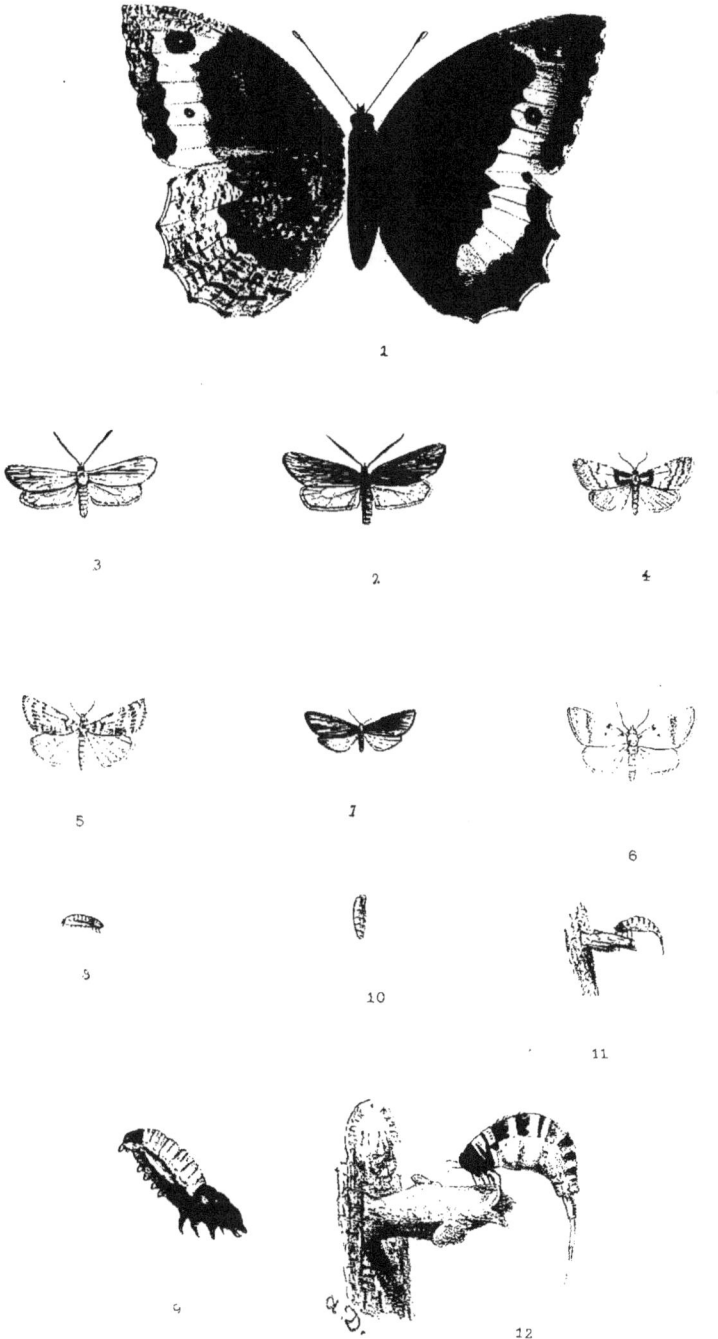

Espèces à ajouter aux tomes I et II.

Avant de clore le dernier volume, il nous reste à signaler quelques espèces omises ou découvertes dans notre pays après la publication des volumes précédents. Ces espèces, au nombre de onze, sont figurées sur les planches supplémentaires I et II et comprennent :

1. **SATYRUS HERMIONE**, Lin. — Ochs. I, 1, p. 173. — God. I, pl. 7. — Ann. Soc. Ent. B. VI, p. 171. (Voy. pl. supp. I, f. 1.)

Habite l'Allemagne, la France, la Suisse et l'Europe méridionale et cité dans le catalogue de M. Dutreux comme ayant été pris à Florenville par M. de Prémorel.

2. **INO PRUNI**, Sch. — God. III, pl. 22, f. 17. — Ann. Soc. Ent. B. V. p. 47 (pl. I, f. 2.)

Répandu dans l'Europe centrale, méridionale et orientale ainsi que dans le sud de la Sibérie ; pris à Calmpthout le 5 août 1861.

3. **INO GERYON**, Hb. f. 130-31. — Ochs. IV. p. 163. — Ann. Soc. ent. B. XVII, p. cii. (pl. 1. f. 3.)

Habite le centre et le midi de l'Allemagne, l'Angleterre, la Suisse et l'Espagne ; capturé en 1874 dans les environs de Dinant par M. N. Fondu.

4. **NOLA CUCULLATELLA**, Lin. — Palliolalis, Hb. — Treits. VII. p. 188. — Dup. VIII, pl. 228, f. 3. — Ann. Soc. ent. B. II, p 61. (pl. I, f. 4.)

De l'Europe centrale et septentrionale ; assez commun en Belgique dans les jardins et sur les haies pendant les mois de juillet et août. Chenille en mai sur le prunellier, l'aubepine et le sorbier.

5. **NOLA STRIGULA**. Sch. — Strigulalis, Hb. Pyr. f. 16 — Treits. VII, p. 187. — Frey. Beitr. pl. 12, f. 2. — Ann. Soc. ent. B. II, p. 60 (pl. I, f. 5.)

Habite l'Europe centrale, rare en Belgique (bois d'Héverlé). Chenille en mai sur le chêne ; vole fin juin et juillet.

6. **NOLA CENTONALIS**. Hb. Pyr 15. — Treits. VII, p. 193. — Dup. IX, pl. 228, f. 5. — Ann. Soc. ent. B. II, p 61 (pl. I f. 6.)

De l'Europe centrale et méridionale ; assez rare en Belgique, près de Louvain et à Boitsfort. Vole en juillet.

7. **FUMEA SEPIUM**, Spr Isis, 1846. p. 31. — Brey. Ann. Soc. ent. B. V. p. 6, pl. 3. (pl. I, f. 7 mâle, 8 chenille, 9 chenille grossie, 10 chrysalide, 11 femelle sur son fourreau, 12 la même fig. grossie.)

Observé en Allemagne, en France, en Belgique, en Hollande et dans la Russie occidentale ; assez commun près de Bruxelles et de Louvain. Les chenilles vivent enfermées dans un fourreau et habitent les troncs et les branches couverts de lichens dont elles se nourrissent. Ces chenilles marchent avec les pattes antérieures et le restant du corps est caché dans le fourreau que l'animal retient à l'aide de ses pattes anales qui sont très développées. Eclôt en juin.

1. Ptilophora plumigera,
Agrotis: 2. Sobrina, 3. Cuprea, 4. Ripae.

8. PTILOPHORA PLUMIGERA, Sch. — Esp. pl. 50, f. 6, 7. — Ochs. III, p. 71. — God. IV. pl. 19, f. 5, 6. — Frey. N. Beitr. pl. 647. —Ann. Soc. ent. B. XVII, p. lxxx (pl. II, f. 1.)

Habite l'Europe centrale ; le Dr Breyer a trouvé des chenilles de cette espèce à Hastière en 1873 et 1874.

L'insecte parfait vole à la fin d'octobre et en novembre, au moment des premiers froids et quand les amateurs ont cessé leurs chasses. Chenille en juin sur l'érable et le hêtre.

9. AGROTIS SOBRINA. Gn. Ann. Soc. Fr. 1841, p. 239. — Dup. IV. pl. 69, f. 5. — Mista, Frey N. Beitr. pl. 441, f. 3. — Ann. Soc. B. XIV. p. lxii (pl II, f. 2)

Habite l'Allemagne, la Suisse et le centre de la Russie ; trouvé dans la Campine belge par le Dr Breyer en 1871. Vole en juin et juillet.

10. AGROTIS CUPREA, Hb. f. 62. — Treits. V. 2, p. 125. — God. V. pl. 63, f. 1. — Frey. N. B. pl. 75, f. 4 et pl. 555. — Ann. Soc. ent. B. XV. p. 227 (pl. II, f. 3)

Observé dans les Alpes, en Suède, en Livonie, dans l'Oural, en Silésie et en Saxe. Un individu a été pris à Ostende en 1842 par feu M. C. Wesmael. Chenille en automne et au printemps jusqu'en avril sur le pissenlit. Vole à la fin de juin et en juillet.

11. AGROTIS RIPÆ, Hb. f. 702-3. — Frey. N. Beitr. pl. 116, f. 4. — Dup. III, pl. 20, f. 4. - Ann. Soc. ent. B. XIV, p. xlvii (pl. 2, f. 4.)

Observé en France et en Angleterre, pris une fois en Belgique par le Dr Breyer. La var. *Weissenbornii*, Fr. (pl. 466, f. 3) habite l'Allemagne et le Danemark. Vole en juin et juillet.

www.ingramcontent.com/pod-product-compliance
Lightning Source LLC
Chambersburg PA
CBHW051530240526
45471CB00019B/2